建設業 における

ヒューマンエラー防止対策 事例集

〔改訂第2版〕

建設労務安全研究会 編

労働新聞社

建設業におけるヒューマンエラー防止対策事例集改訂第2版にあたり

　建設業における労働災害は、業界をあげて積極的な活動により、死傷者数、死亡者数とも長期的には減少してきましたが、近年、担い手不足による未経験者の増加、就業者の高齢化と外国人労働者の増加が課題としてある中で、労働災害全体の発生件数は、増加傾向が見られるようになりました。中でも、墜落・転落、重機・クレーン、崩壊・倒壊といったいわゆる三大災害による死亡者数は、現在も約80％を占めています。また、災害発生要因としては、労働者の不安全行動（ヒューマンエラー）に起因する災害が多く発生しています。

　政府、業界団体では、関連法令の整備、マネジメントシステム導入や機械化・無人化施工等ハード面の強化をしていますが、やはりこれらを守るのも動かすのも労働者の皆さんであることには変わりはありません。

　本書は平成24年に第2版を出版しましたが、災害内容が多様化し、安全対策・ヒューマンエラー対策もより効果的・有効性のある対策が多く出てまいりましたので、今回これらを整理・改訂しました。

　改訂にあたっては、対策事例は従来通り以下の4つに分類、整理しています。
　1　教育を通じた対策（EDUCATION）
　2　協調、強化に基づく対策（ENFORCEMENT）
　3　模範の教示による対策（EXAMPLE）
　4　工学的な対策（ENGINEERING）

　具体的災害内容については、会員各社より新たに約120件の事例を頂き、それらを30件に絞り込みました。また、これらに対応するための新しい対策や従来からの対策で引き続き効果が期待できる対策の38件を対策事例として掲載することにしました。

　本書がヒューマンエラーによる災害防止のために、より多くの皆さんに活用して頂ければ幸いです。

令和5年　9月
建設労務安全研究会
理事長　　細谷　浩昭

もくじ

第3章　ヒューマンエラー対策事例（38事例）

3. 模範の教示による対策事例

4. 工学的な対策事例

第1章

ヒューマンエラー
について

1. ヒューマンエラー防止対策の必要性

　建設業の就労者数は平成9年をピークに下がってきているが、全産業の約7％の労働者が就労する基幹産業である。労働災害の発生状況について全産業に占める割合を下表に示す。（いずれも令和3年度統計）

【産業別就業者数（令和3年）】

産 業 名	全産業	建設業	小売業	製造業	医療業	派遣業	運送業	その他
就業者数（万人）	6667	482	1062	1037	884	449	350	2403
構 成 比（％）		7.2%	15.9%	15.6%	13.3%	6.7%	5.2%	36.0%

【産業別死亡者数（令和3年）】

産 業 名	全産業	建設業	第3次産業	製造業	陸上貨物運送業	林業	その他
死亡者数（人）	867	288	241	137	95	30	76
構 成 比（％）		33.2%	27.8%	15.8%	11.0%	3.5%	8.8%

【産業別死傷者数（令和3年）】 ※休業4日以上の死傷者数

産 業 名	全産業	建設業	製造業	陸上貨物運送業	小売業	社会福祉施設	飲食店	その他
死傷者数（人）	149918	16079	28605	16732	16860	18421	5095	48126
構 成 比（％）		10.7%	19.1%	11.2%	11.2%	12.3%	3.4%	32.1%

※新型コロナウイルス感染の罹患者含む

　労働災害は、関係者の懸命な取組みによって長期的には減少しているが、近年は横ばいないし微増となっており、労働安全衛生法規の強化や単なる安全施設の充実といったハード対策だけでは限界にきているとも言われている。

　このような現状を打破するための方策として重視されているのが人的要因に起因するミスやエラー、いわゆるヒューマンエラーに着目した取組みである。ハード的な安全対策が進化し、働き方改革、生産性向上等の取組みの加速、高齢者・外国人労働者の増加が進む現在、ヒューマンエラー防止の必要性、重要性がますます高まっている。

【死亡者数推移（平成19年〜令和3年）】

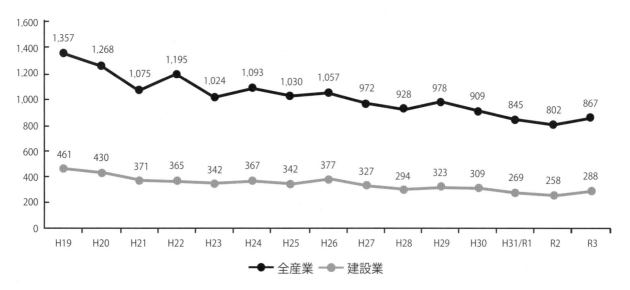

【死傷者数推移（平成19年〜令和3年）】

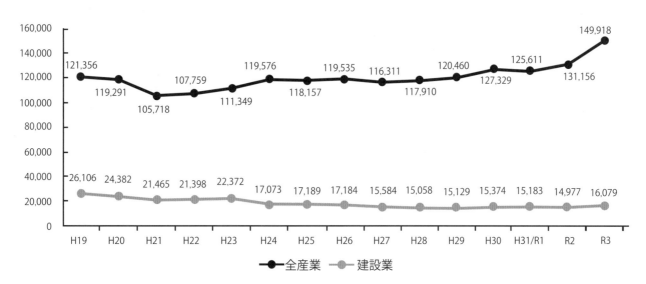

2. ヒューマンエラーの発生要因と対策例

　建設労務安全研究会（労研）の研究では、ヒューマンエラーを「誤認や誤操作などの、故意ではない人間の動作・行動のミス・エラーである」と捉え、それに該当する災害事例を収集した。

　事例からうかがえるエラーの発生要因に関しては、外的要因（作業設備・環境など）と内部要因（作業者の性格・資質、意識・精神状態など）に区分されるのが一般的であるが、本研究では後者に主眼を置き、ヒューマンファクターの種類のうち「個人的なレベル」、「個人間レベル」、「集団組織レベル」に限定することとした。

　また、第2版までの分類2の要素である、危険軽視、不注意、連絡不足や集団欠陥等は、建設現場では安全対策上の重要課題であり、これらは発生状況も様々で個別に対策を検討する必要があるため、下表に示すとおり分類2を4つに細分化した計12分類でヒューマンエラーをとらえ分析することにする。

　対策事例の取りまとめにあたっては、内容別に　①教育、②協調・強化、③模範の教示、④工学的、の4つの対策に分類した。これは、アメリカにおいて開発された航空機事故対策の4E（Education、Enforcement、Example、Engineering）分析に基づくもので、具体的には同種災害の再発防止に向けた

① 　教育訓練・指導の再実施
② 　安全意識を高める活動の強化・徹底
③ 　模範的な事例の提示と共有
④ 　資機材・装備の改良あるいは新規導入

などについて対策を講じることを意味している。

　研究成果としての本書は、災害事例と対策事例で構成されているが、労研会員会社から提供された対策事例については、上記のような4Eに分けたうえで「12の発生要因」の中のどの要因を防ぐのに有効かをチェックし一覧表にまとめているので参考にしていただきたい（一覧表は56ページ掲載）。また、災害および対策の各事例には「発生要因」と「ヒューマンエラー要因」が明記してあるが、これをもとに相互の内容を照らし合わせるかたちで効果的な施策を探っていただくことも、本書の有効活用のポイントに挙げられる。

ヒューマンエラーの原因分類

第2版までの9分類　（平成19年）	建設現場での重点度を加味した12分類
1．無知、未経験、不慣れ、経験不足、教育不足	1．無知・未経験・不慣れ
2．危険軽視、安易、慣れ、不注意、連絡不足、集団欠陥等	2．危険軽視・慣れ
	3．不注意
	4．連絡不足
	5．集団欠陥
3．近道、省略行動行為	6．近道・省略行動行為
4．場面行動本能	7．場面行動本能
5．慌て、驚愕、パニック等	8．パニック
6．錯覚	9．錯覚
7．中高年の機能低下	10．中高年の機能低下
8．疾病、疲労、体質、酒酔い、ストレス、酷暑、急性中毒等	11．疲労等
9．単調反復作業、単調監視による意識低下	12．単調作業による意識低下

【参考文献】「改訂版　建設業におけるヒューマンエラー防止対策」（労働調査会）

ヒューマンエラーの 12 要因

h 1　無知・未経験・不慣れ

・作業に不慣れな作業員は、作業のどこに危険が潜んでいるか分からない。

・熟練作業員でも、初めて行う作業や赴任間もない現場では、適切な危険予知ができない。

h 2　危険軽視・慣れ

・危険と分かっているのに不安全な行動をとる。

h 3　不注意

・作業に集中していたため、その他のことに不注意になる。

・作業内容が日々変わるため、作業に集中できず注意力散漫になる。

h 4　連絡不足

・安全指示が正しく伝わっていない・理解できない。必要な安全指示を出さない。指示が曖昧。

h 5　集団欠陥

・工期が厳しく、安全が疎かになっている。

・みんながやっているから、自分も大丈夫。

h 6　近道・省略行為

・面倒な手順を省略して作業効率を優先してしまう。

h 7　場面行動

・瞬間的に注意が一点に集中し、まわりが見えず行動してしまう。

h 8　パニック

・驚いた時や慌てた時、冷静な行動がとれなくなる。

h 9　錯覚

・合図や指示の見間違い・聞き間違い・思い込み。

h 10　中高年の機能低下

・身体能力の低下を自覚しないで行動する。

h 11　疲労

・長時間労働、炎天下での作業等、過酷な条件下での作業での疲労。

h 12　単調作業による意識低下

・単調な反復作業を続けることによる意識低下。

※これらの要因は独立したものではなく、相互関連する場合もある。

本書の主な構成と活用方法

　本書にはヒューマンエラーによる典型的な「災害事例（30事例）」と、同種あるいは類似災害の再発防止を図るうえで有効と思われる「対策事例（38事例）」がまとめられている。

災害事例・災害分析

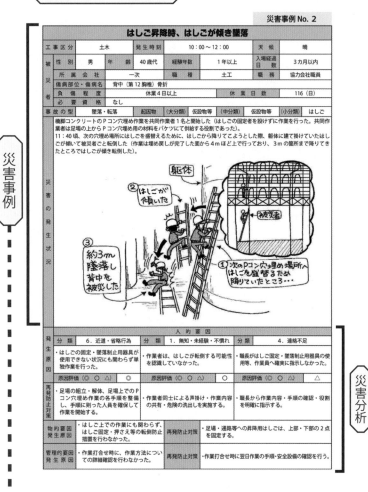

★「ヒューマンエラー分類とその対策事例」一覧表

区分	方　策	事例No.	対策事例
1 教育	災害事例による安全意識の高揚	1	災害事例を用いた、教育・訓練（なぜなぜ分析）
		②2	経験年数3年以下作業員への「＋1（プラスワン）教育」の実施
	危険体感教育による安全意識の高揚	3	危険体感教育の実施
		4	危険体感語り部カーによる危険意識向上
	掲示物による安全意識の高揚	5	注意喚起ポスターの作成
		6	「重大災害カレンダー」の配布、掲示
		7	「ヒューマンエラー防止展開シート」の作成、展開
		8	「転倒しやすい場所マップ」の作成と掲示
	工具等の適正使用の教育の実施	9	未習熟者に対する電動工具取り扱い教育
		10	可搬作業台等、適正使用教育の実施
	ヒヤリハット事例の水平展開	11	ヒヤリハット事例収集アプリの開発とヒヤリハット事例の活用
	外国人労働者への安全衛生教育	12	外国人労働者に対する母国語での安全衛生教育
2 協調・強化	声かけによる不安全行動防止	13	思いやり声かけ運動
		14	「声かけリーダー」の任命による注意喚起
		⑮15	「安全一声（ひとこえ）運動」の実施
	段差・障害物等の見える化	16	鋼製リン木材黄色着色による危険個所の見える化
		17	敷鉄板段差部の「見える化」
		18	段差部の見える化による転倒防止
		19	開口部の養生と表示
	ヘルメットシール、ヘルバンドによる高齢者、新規入場者の見える化	20	新規就業者（新規参入者）用ヘルメットシールによる識別
		㉑21	ヘルバンドによる有資格者の見える化
		22	高齢者、未熟練者、年少者等の識別
	自主的な災害防止活動の実施	23	「私の安全宣言」の活用および作業場への掲示
3 模範の教示	異業者間のコミュニケーション	24	「言える化　聞ける化」運動
	職長による模範行動	25	新規入場者への「新規入場者意識付け活動」
	行動チェックエリアの設置	26	指差呼称の定着に向けて「指差呼称定着エリア」の設置
		27	可搬式作業台の使用ルールの実物掲示
	現場内ルール掲示	28	始業前現地での「一人KY」の実施
		29	脚立の単独使用は原則禁止
		30	WBGT値を活用した行動基準（休憩回数等）の設定
		31	現場ルールの見える化
4 工学的	資機材・装置への上乗せによる不安全行動・不安全状態の回避	32	足場の隙間に専用のカバーを設置
		33	可搬式作業台（立馬）の転倒防止対策
		34	可搬式作業台からの墜落災害防止
		35	受電後のキュービクル施錠管理（不特定者の接触による感電防止）
		36	高所作業車の挟まれ防止装置　DDL 1
	定点カメラによる遠隔監視	37	Webカメラを活用した不安全行動の監視
	アラームによる注意喚起	38	魔の時間帯「作業開始1時間前後」に安全を意識させる取組み
	資料件数（件）		
	対策事例の構成比（％）		
	順位		

★「災害事例」は、実際に現場で発生したもので、各事例には「発生状況」、「被災状況」、「発生原因」、「再発防止対策」のほかに、「ヒューマン要因分類」のどの分類に当たるかがチェックされている。

★「対策事例」を活用する場合は、災害報告でチェックされている「要因」に対応した事例（対策一覧表中で◎印がつけられている事例）を選ぶ。
　各事例には対策の「目的」、「内容」、「期待される効果」、「実施しての成果と評価」のほか、関連資料が添付されている。

h2	h3	h4	h5	h6	h7	h8	h9	h10	h11	h12	期待される効果
・続報提	・不注意	・連絡不足	・集団欠如	・近道・省略行為	・場面行動	・パニック	・錯覚	・中高年の機能低下	・疲労	・単調作業による意識低下	
◎				○							危険有害要因の排除、安全意識の高揚
											経験不足による危険への知識を補い、安全意識を高める
◎		○									何が危険なのか、どのように危険なのかを実際に五感で感じさせ、災害の怖さを認識させる
◎	◎										危険意識の向上
◎	◎										類似作業を行う際のKY活動の活性化
◎	○										同種工事で過去にどのような災害が発生したかを知ることにより、現場の進捗と照らし合わせながら作業員の意識向上につなげる
◎	○										作業員に「気づき」を持たせることによる、ヒューマンエラーの低減
			◎					○			転倒災害が多く発生している昨今では、有効な掲示であり、災害防止に繋がる
◎											電動工具の正しい取り扱いを身につけるとともに、安全意識の向上を図る
◎	○			◎							適切な使用方法を理解させることにより適正使用を推進する
◎											ヒヤリハット事例が災害に繋がらないように事前の対策が打てるようになる。データが集まると作業所の状態が把握できるようになり、環境改善に繋げることができる
		◎									邦人、外国人で同じ内容の安全衛生教育を各言語で行うことにより個々の作業手順が共有化される
	◎	◎									風通しの良い職場環境作り、仲間意識の高揚
◎					○					○	円滑なコミュニケーションを図ると同時に、注意喚起や作業員の安全に対する意識向上が図れる
				◎							コミュニケーションづくりにより、不注意や故意による近道行為などの不安全行動を防止する
				○							足もとの危険物（リン木）を目立つようにして、周囲の安全確認の意識を持ってもらう
	◎							◎			段差部が明確になるため歩行時に注意する
	◎						○				転倒災害に対する危険意識向上
	◎						○				作業のため一時的に蓋を取らなければならない場合のリスクアセスメントが行われ危険要素の排除が行われることが期待できる
◎					○					○	毎日、他社作業員も含めて、一言声をかけることにより、作業所に潜む危険性・有害性を「見抜く力」を養う
		◎									適正配置の見える化
								◎			高齢者等に対する声掛けにより、安全意識の高揚が図れる
◎											「私の安全宣言」の個々の実践にて、作業所内での安全活動の模範となってもらう
◎	◎										危険な行動をしている作業員に対して、会社や職種が違っても「それは危険ですよ、ルール違反ですよ」と一声かけ、言われた側も素直にその指摘に耳を傾け是正をする。災害防止は勿論のこと作業所内の職種を越えた連携も高める
			◎								職長と新規入場者が「新規入場者意識付け活動」を実施することで、現場に不慣れな作業員（新規入場7日以内）がいることを認識させ、安全意識を向上させる
◎	○										指差呼称を定着させることにより人間の心理的な欠陥に基づく誤判断、誤操作、誤作業を防ぎ、労働災害を未然に防止する
	◎										可搬式作業台使用時の不安全行動の抑止、適切な設置状況の認識を作業所全体に広める
◎	○				○						作業開始前に実際作業する場所で、一人一人が作業する場所で自問自答カードの内容を確認しながら、その日の作業中での危険ポイント確認し、意識して災害防止に努める
											新規入場者へ社内ルールの周知、不安全行動の撲滅
									◎		WBGT値を活用した行動基準（休憩回数等）の設定
	◎							◎			毎日、現場ルールを再確認し、ルール逸脱、近道行動をなくす
◎	◎										転倒災害、飛来、落下災害を防止する
◎	◎										再発防止として安全教育や管理強化を図るが、なかなか後を絶たない同種災害を工学的手法で未然に防止する
◎											死亡・重篤災害、ゼロ
						○					不特定者の操作・接触による感電防止
◎											死亡・重篤災害、ゼロ
◎			○								離れた場所から監視できるため、多くの目で確認ができて、指導の範囲が広がる
	◎						○			○	集中力や緊張感が途切れた時間帯になぜ災害が集中して発生するか？そのときに行動災害が多く発生している現状を改善する目的でこの運動を実施中
19	17	4	3	6	4	1	3	4	1	2	83
22.9%	20.5%	4.8%	3.6%	7.2%	4.8%	1.2%	3.6%	4.8%	1.2%	2.4%	
1	3	5	8	4	5	11	8	5	12	10	

ヒューマンエラー防止対策事例

《対策選択のプロセス例》

例えば、上掲の「**災害事例　No.2**」を参考にして対策を検討しようとすると、事例報告表中の人的要因の発生要因分類欄では、**h6（近道・省略行為）、h1（無知・未経験・不慣れ）、h4（連絡不足）** が挙げられている。

次に、その項目を「**対策事例一覧表**」と照らし合わせ、有効度を表した◎印を手掛かりに具体的な**対策事例を選択**する。

災害事例　No.2の例でいえば「近道・省略行為、無知・未経験・慣れ、連絡不足」に対しては、**対策事例の「No.2、15、21」を選択**するという方法。

但し、対策項目の選択は、必ずしも上記の例（あるいは項目数）だけに限定されるものではない。

また、一覧表中の「**期待される効果**」に着目して、現場状況に合った対策を選ぶのも一つの活用の仕方になる。

対策事例 No.15

対策事例	「安全一声（ひとこえ）運動」の実施		
HE分類（複数回答可）	3．不注意　6．近道・省略行為	対策区分	協調・強化
狙い目的	お互いに注意しあって、声を掛け合いながら安全に作業することを目的とする。	期待効果	コミュニケーションづくりにより、不注意や故意による近道行為などの不安全行動を防ぐ。
実施時期	随時	実施場所	その他
適用範囲	元請・協力会社	対象者	元請・協力会社職員
実施部署	その他	実施頻度	随時
具体的成果	・コミュニケーションの向上	対策に対する評価	・若い社員には、なかなか作業員に声をかけることができない者もいる。
その他	・職場会活動なども活発化する。		

第2章

ヒューマンエラーによる労働災害事例（30事例）

1．ヒューマンエラー労働災害事例

　　建設労務安全研究会　安全衛生委員会「グッドプラクティス部会」では、当研究会に所属する会員会社（39 社）より、過去 3 年間に発生したヒューマンエラーによる労働災害事例の提供を求め、建築工事および土木工事における労働災害が 117 事例集められた。さらに、同部会において 30 事例まで絞り込み、その事例がここに収録されている。

　　同部会で使用した災害報告様式を次頁に示す。

2．労働災害事例の選定方法

（1）当研究会会員各社は、統一された次頁「災害報告書」より、117 の災害事例を提供。

（2）「災害報告書」において労働災害の発生要因を「人的要因・物的要因・管理的要因」の三要因により評価を行い、このうち人的要因を取り出し「人的要因に基づくヒューマンエラー要因」を明示することとした。

（3）117 の事例については、ヒューマンエラー要因である h 1 ～ h 12 の評価を分類欄に記入し、1 事例につき複数分類可とし全てカウントすることにより評価・集計を行った結果、全カウント数は 222 に上った。

【人的要因に基づくヒューマンエラー要因】

h 1	無知・未経験・不慣れ
h 2	危険軽視・慣れ
h 3	不注意
h 4	連絡不足
h 5	集団欠陥
h 6	近道・省略行為
h 7	場面行動
h 8	パニック
h 9	錯覚
h 10	中高年の機能低下
h 11	疲労
h 12	単調作業による意識低下

グッドプラクティス部会作成の「災害報告書」様式

工事区分			発 生 時 刻			天 候	

被災者	性　別		年　齢		経験年数		入場経過日数	
	所 属 会 社				職　種		職　務	
	傷病部位・傷病名							
	負 傷 程 度					休 業 日 数		（日）
	必 要 資 格		（					）

事 故 の 型			起 因 物	（大分類）		（中分類）		（小分類）	

災害の発生状況	①どのような場所で、　②どのような作業をしている時に　③どのような物または環境に　④どのような不安全な、または有害な状態で　⑤どのような災害が発生した。

発生原因	人 的 要 因					
	分類		分類		分類	
	原因評価（◎　○　△）		原因評価（◎　○　△）		原因評価（◎　○　△）	

再発防止対策	

物 的 要 因 発 生 原 因		再発防止対策	
管 理 的 要 因 発 生 原 因		再発防止対策	

※ 原因評価　：　重篤度　重大＝◎　中程度＝○　軽度＝△

3．ヒューマンエラー労働災害事例の集計結果と傾向

■ヒューマンエラー要因

h 1	無知・未経験・不慣れ	h 2	危険軽視・慣れ
h 3	不注意	h 4	連絡不足
h 5	集団欠陥	h 6	近道・省略行為
h 7	場面行動	h 8	パニック
h 9	錯覚	h 10	中高年の機能低下
h 11	疲労	h 12	単調作業による意識低下

（1）集計結果は下表の通りとなった。

ヒューマンエラー要因別の評価集計（117 事例・222 カウント）

H E 要因	h 1	h 2	h 3	h 4	h 5	h 6	h 7	h 8	h 9	h 10	h 11	h 12
○印カウント数	22	62	28	10	9	36	15	7	13	14	1	5
構成比（％）	9.9%	27.9%	12.6%	4.5%	4.1%	16.2%	6.8%	3.2%	5.9%	6.3%	0.5%	2.3%

（2）全体的傾向

　ヒューマンエラー要因ｈ１～ｈ12を構成比で見ると、最も多い要因がｈ２（危険軽視、慣れ）で27.9％、次いでｈ６（近道・省略行為）で16.2％、以下ｈ３（不注意）12.6％、ｈ１（無知・未経験・慣れ）9.9％となった。

　前回（平成19年）と比較してみると、前回のＨ２を今回ｈ２～ｈ５に細分化したが、上位の３要因（無知・未経験・不慣れ、危険軽視・慣れ、近道・省略行為）の占める割合に大きな差（81％⇒76％）はないことが下のグラフで分かる。

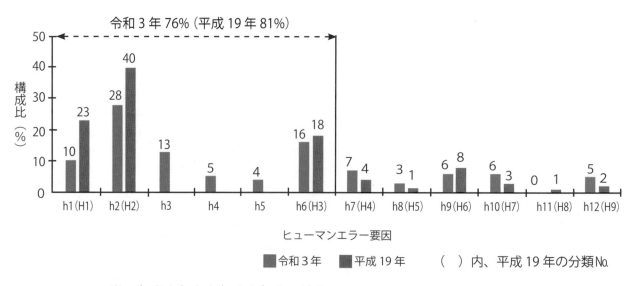

※　ｈ２＋ｈ３＋ｈ４＋ｈ５＝Ｈ２

（3）災害事例

　災害事例の掲載にあたっては、各社から提供された 117 事例の中から各ヒューマンエラー要因の具体例として適当と思われる事例を選び、さらに 22 ページ以下に示す 30 事例まで絞り込んだ。

災害 30 事例のヒューマンエラー要因別内訳

ＨＥ 要 因	h 1	h 2	h 3	h 4	h 5	h 6	h 7	h 8	h 9	h 10	h 11	h 12	合計
事　例　数	3	8	4	1	1	5	2	1	1	2	1	1	30

h 1 分類		無知・未経験・不慣れ			災害事例 No. 1	

背後から接近した作業員にバックホウキャタピラが接触

工事区分		建築	発生時刻		15：00 ～ 17：00	天候	晴

被災者	性　　別	男	年　　齢	10 歳代	経験年数	3カ月以内	入場経過日数	3カ月以内
	所　属　会　社		二　次		職　　種	土工	職　　務	作業員
	傷病部位・傷病名		右足脛骨内果骨折					
	負　傷　程　度		休業 4 日以上			休　業　日　数		6（日）
	必　要　資　格		なし					

事 故 の 型	挟まれ・巻込まれ	起因物	（大分類）	動力機械	（中分類）	建設機械等	（小分類）	バックホウ

災害の発生状況

外構作業員が、路盤整形のため 0.1BH で前後に動きながら整地していたところ、被災者が、重機運転席に置いていたスプレーを取りに行こうと、操縦者へ合図無しに背後から近付いた。
操縦者は被災者に気付かず接触し、被災者は右足脹脛付近をキャタピラに踏まれた。

被災者は 0.1BH の後部から資材を取るために近づいた

被災者は転倒し右足から脹脛にかけてゴムキャタの下敷きになった。

発生原因

人 的 要 因					
分　類	1. 無知・未経験・不慣れ	分　類		分　類	
・経験の浅い被災者が、0.1BH 操縦者への合図無しに、死角となる背後から近づいた。					
原因評価（◎　○　△）	◎	原因評価（◎　○　△）		原因評価（◎　○　△）	

再発防止対策

・重機の可動範囲内に立ち入る際は、重機操縦者へ明確な合図を行う。

物 的 要 因 発 生 原 因	・作業区画に対しての立入禁止の明示がなされていなかった。	再発防止対策	・重機の作業位置に応じた区画と明示を徹底する。
管 理 的 要 因 発 生 原 因	・ＫＹ活動がマンネリ化して、細かい作業内容・危険予知が疎かになっていた。	再発防止対策	・その日の作業に応じた危険ポイントや作業エリアを、現地ＫＹ活動で必ず確認する。

はしご昇降時、はしごが傾き墜落

工 事 区 分		土木		発 生 時 刻		10：00 ～ 12：00		天 候		晴
被災者	性　別	男	年　齢	40 歳代	経験年数		1 年以上	入場経過日数		3 カ月以内
	所 属 会 社		一次		職　種		土工	職　務		協力会社職員
	傷病部位・傷病名		背中（第 12 胸椎）骨折							
	負 傷 程 度		休業 4 日以上				休 業 日 数		116（日）	
	必 要 資 格		なし							

事 故 の 型	墜落・転落	起因物	（大分類）	仮設物等	（中分類）	仮設物等	（小分類）	はしご

災害の発生状況	橋脚コンクリートのＰコン穴埋め作業を共同作業者 1 名と開始した（はしごの固定者を設けずに作業を行った。共同作業者は足場の上からＰコン穴埋め用の材料をバケツにて供給する役割であった）。 11：40 頃、次の穴埋め場所にはしごを盛替えるために、はしごから降りてこようとした際、躯体に建て掛けていたはしごが傾いて被災者ごと転倒した（作業は埋め戻しが完了した面から 4 ｍほど上で行っており、3 ｍの箇所まで降りてきたところではしごが傾き転倒した）。 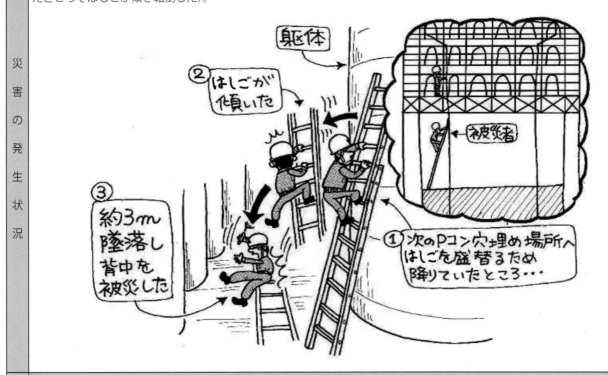

人 的 要 因

発生原因	分　類	6．近道・省略行為	分　類	1．無知・未経験・不慣れ	分　類	4．連絡不足
	・はしごの固定・墜落制止器具が使用できない状況にも関わらず単独作業を行った。		・作業者は、はしごが転倒する可能性を認識していなかった。		・職長がはしご固定・墜落制止用器具の使用等、作業員へ確実に指示しなかった。	
	原因評価（◎　○　△）	◎	原因評価（◎　○　△）	○	原因評価（◎　○　△）	△

再発防止対策	・足場の組立・解体、足場上でのＰコン穴埋め作業の各手順を整備し、手順に則った人員を確保して作業を開始する。	・作業者同士による声掛け・作業内容の共有・危険の洗出しを実施する。	・職長から作業内容・手順の確認・役割を明確に指示する。

物 的 要 因発 生 原 因	・はしご上での作業にも関わらず、はしご固定・押さえ等の転倒防止措置を行わなかった。	再発防止対策	・足場・通路等への昇降用はしごは、上部・下部の 2 点を固定する。
管 理 的 要 因発 生 原 因	・作業打合せ時に、作業方法についての詳細確認を行わなかった。	再発防止対策	・作業打合せ時に翌日作業の手順・安全設備の確認を行う。

大払ししたくさび式足場をオペレータが解体中に崩壊

工事区分	建築	発生時刻	10：00～12：00	天候	曇

被災者	性別	男	年齢	50歳代	経験年数	1年以上	入場経過日数	1年以上
	所属会社	一次			職種	その他	職務	作業員
	傷病部位・傷病名	右足脛骨高原骨折						
	負傷程度	休業4日以上			休業日数	186（日）		
	必要資格	有　（足場組立等特別教育）						

事故の型	崩壊・倒壊	起因物	(大分類)	仮設物等	(中分類)	仮設物等	(小分類)	足場

災害の発生状況

大払しで吊りだしたくさび式足場を地上敷鉄板に仮置きした。クレーンオペレータがクレーンを降りて勝手に解体を始めたところ、足場が崩壊し足を挟まれた。

発生原因

人的要因

分類	1．無知・未経験・不慣れ	分類	7．場面行動	分類	
	・被災者はクレーンオペレータであり、足場の組立て・解体の経験はほとんどないにもかかわらず、足場を解体した。		・クレーン作業がなく、時間ができたため、他職の仕事に思わず手を出した。		
原因評価(◎ ○ △)	◎	原因評価(◎ ○ △)	○	原因評価(◎ ○ △)	

再発防止対策

・他職の仕事に手を出さない。	・他職の仕事に手を出さない。	

物的要因発生原因	・くさび式足場で、不安定な状態	再発防止対策	・解体手順を確認する。
管理的要因発生原因	・他職の仕事に手を出さないよう指導していなかった。	再発防止対策	・他職の仕事に手を出さないように指導する。

h 2分類	危険軽視・慣れ	災害事例 No. 4

鉄骨大梁間を移動中に墜落

工事区分		建築	発生時刻		15：00 ～ 17：00		天候		晴

被災者	性別	男	年齢	40歳代	経験年数		1年以上	入場経過日数	1週間以内
	所属会社		三次以降		職種		鍛冶工	職務	作業員
	傷病部位・傷病名		骨盤・肋骨骨折、肺・脾臓挫傷、膀胱炎症						
	負傷程度		休業4日以上			休業日数		62（日）	
	必要資格		有（足場の組立等作業主任者　他）						

事故の型	墜落・転落	起因物	（大分類）	その他	（中分類）	その他装置	（小分類）	

災害の発生状況

被災者は朝からB工区2階梁のボルト本締め作業を行っていた。
16:30頃にY1通りの大梁からX1通りの大梁に移動する際にボルトの入った箱を持った状態でトビック（上部のバー）に足を掛けたところ踏み外して墜落した。
二丁掛けフルハーネスを着用していたが移動する直前にフルハーネスのフックを親綱から外していたため1階の床まで5.6m下に墜落し被災した。

人的要因

発生原因	分類	2. 危険軽視・慣れ	分類	3. 不注意	分類	2. 危険軽視・慣れ
	・2丁掛けを常に使用する手順となっていたが使用していなかった。		・トビック上部のアルミバーに足を掛けてしまった。		・物（ボルトの入った箱）を持ったまま不安定な場所を移動した。	
	原因評価（◎ ○ △）	◎	原因評価（◎ ○ △）	○	原因評価（◎ ○ △）	○

再発防止対策	・フルハーネス盛替え時には指差し呼称を行う。 ・作業におけるフルハーネス使用について具体的な再教育を定期的に行う。	・移動の際は鉄骨上を歩行する。	・梁から梁への移動はボルトバックを使用し両手が使える状態で移動する。又は移動前に物を受け渡すか物を置く、物を持ったままの移動はしない。 ・梁上でやむを得ず荷を持った移動がある場合については、作業手順を決め安全に十分留意する。

物的要因発生原因	・水平ネットは設置してあり、端部をトビック手すりに結束していたが外れてしまった。	再発防止対策	・水平ネットの隙間はネットフックおよびネットクランプを使用し、15cm程度とする
管理的要因発生原因	・水平ネットの張り方について具体的な指導はしていなかった。	再発防止対策	・水平および垂直面に隙間が無いよう計画および指導を行う。

デッキ溶接作業中、後ろ向きに移動して端部から墜落

工事区分	建築	発生時刻	10：00〜12：00	天候	晴

被災者	性別	男	年齢	40歳代	経験年数	1年以上	入場経過日数	3カ月以内
	所属会社		三次以降		職種	鍛冶工	職務	作業員
	傷病部位・傷病名		失血性ショック死					
	負傷程度		死亡		休業日数		7,500（日）	
	必要資格		有（アーク溶接作業特別教育）					

事故の型	墜落・転落	起因物	（大分類）仮設物等	（中分類）仮設物等	（小分類）建築物

2階バルコニーにおいて、デッキの重ね合わせ部の溶接作業を床端部方向に後ずさりながら行っていたところ、床端部と垂直ネットの隙間から約11m墜落した（墜落制止用器具未使用）。

災害の発生状況

断面図

親綱・親綱支柱

2 FL

【被災者】
フルハーネスを着用していたが、使用していなかった

デッキスラブ

垂直ネットと鉄骨のすき間（約35cm）から墜落

バルコニー梁鉄骨

水平ネット

墜落箇所

11,000

垂直ネット

H＝約5.0m

火気監視人

作業状況

作業方向

約11mの高さから墜落

1 FL

人的要因

発生原因	分類	2. 危険軽視・慣れ	分類	2. 危険軽視・慣れ	分類	
	・被災者は前日にも墜落制止用器具使用の指導を受けていたが、改善しなかった。		・被災者は高所作業において、進行方向に背を向け後ずさり作業を行った（後方確認をしなかった）。			
	原因評価（◎ ○ △）　◎		原因評価（◎ ○ △）　◎		原因評価（◎ ○ △）	

再発防止対策	・墜落制止用器具使用については繰り返し教育・指導を行うと共に、改善がみられない者は現場から退場してもらう等の措置もとる。	・後ずさり作業の危険性について教育する。	

物的要因発生原因		再発防止対策	

管理的要因発生原因	・床端部の墜落防止措置が不十分だった。	再発防止対策	・手すり等の墜落防止設備が設けられない床端部付近での作業では、墜落制止用器具使用を徹底させる。

26

トンネル軌道上で台車のバッテリー交換中、別台車が進入し挟まれ

工 事 区 分	土木		発 生 時 刻	15：00 〜 17：00		天 候	曇

被災者	性　別	男	年　齢	20歳代	経験年数	1年以上	入場経過日数	1年以内
	所 属 会 社	二次		職　種	土工	職　務	作業員	
	傷病部位・傷病名	左腎臓破裂						
	負 傷 程 度	死亡				休 業 日 数	7,500（日）	
	必 要 資 格	有　（軌道動力車運転特別教育）						

事 故 の 型	挟まれ・巻込まれ	起因物	（大分類）運搬機械	（中分類）動力運搬機	（小分類）軌道装置

災害の発生状況

バッテリーロコの運転者である被災者は、発進坑口から約35 mのトンネル坑内の軌道上で、バッテリーロコのセグメント台車の前照灯のバッテリー交換を行っていた。そこに、他の運転者（加害者）がリモコン操作する別のバッテリーロコが切羽側から進入してきて挟まれた。

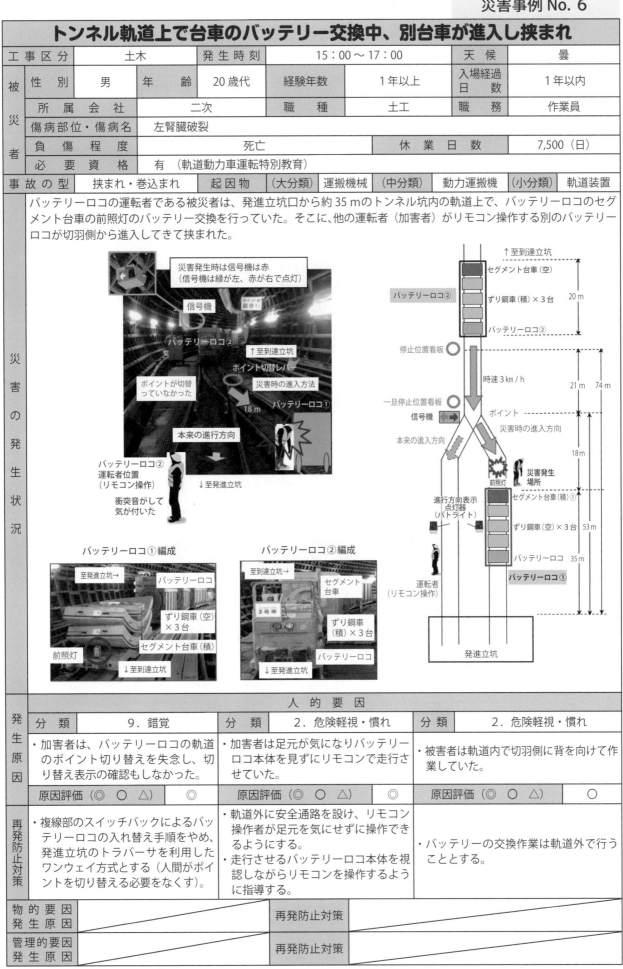

人 的 要 因					
発生原因	分　類	9．錯覚	分　類	2．危険軽視・慣れ	分　類	2．危険軽視・慣れ

発生原因	・加害者は、バッテリーロコの軌道のポイント切り替えを失念し、切り替え表示の確認もしなかった。	・加害者は足元が気になりバッテリーロコ本体を見ずにリモコンで走行させていた。	・被害者は軌道内で切羽側に背を向けて作業していた。
	原因評価（◎　○　△）　◎	原因評価（◎　○　△）　◎	原因評価（◎　○　△）　○
再発防止対策	・複線部のスイッチバックによるバッテリーロコの入れ替え手順をやめ、発進立坑のトラバーサを利用したワンウェイ方式とする（人間がポイントを切り替える必要をなくす）。	・軌道外に安全通路を設け、リモコン操作者が足元を気にせずに操作できるようにする。 ・走行させるバッテリーロコ本体を視認しながらリモコンを操作するように指導する。	・バッテリーの交換作業は軌道外で行うこととする。

物 的 要 因発 生 原 因		再発防止対策	
管 理 的 要 因発 生 原 因		再発防止対策	

可搬式作業台昇降時、足を踏み外して墜落

工事区分		建築		発生時刻		それ以外		天候		雨

被災者	性別	男	年齢	40歳代	経験年数	1年以上	入場経過日数	1年以上
	所属会社	三次以降		職種	設備工	職務	作業員	
	傷病部位・傷病名	左足首骨折						
	負傷程度	休業4日以上			休業日数	90（日）		
	必要資格	なし						

事故の型	墜落・転落	起因物	（大分類）	装置等	（中分類）	用具	（小分類）	軽量作業台（SGセトー）

災害の発生状況

キュービクルラック上にケーブルラック金物（セパレーター）を取り付けるため軽量作業台（SGセトー）を昇る途中、左足が滑ってずり落ちた。

発生原因

人的要因

分類	2．危険軽視・慣れ	分類	5．集団欠陥	分類	
原因	・可搬式作業台が使用可能な状況だったが軽量作業台（SGセトー）を使用した。		・翌日にキュービクルの受電が予定されていたため昇降含む作業を急いでいた。		
原因評価（◎ ○ △）	○	原因評価（◎ ○ △）	◎	原因評価（◎ ○ △）	

再発防止対策	・可搬式作業台の使用基準を定め、状況等に応じた最も適した作業台を使用するようにする。	・作業を迅速に行う必要がある場面でも、各作業前には一呼吸置き、昇降の場合は一歩ずつ足元を確認して昇降する。	

物的要因発生原因		再発防止対策	

管理的要因発生原因	・一人作業だった。 ・作業手順の確認をしていなかった。	再発防止対策	・できれば二人作業とする。 ・作業開始前には作業手順の確認を徹底する。

可搬式作業台上で足を踏み外し墜落

工事区分	建築	発生時刻	15：00〜17：00		天候	晴

被災者

性別	男	年齢	50歳代	経験年数	1年以上	入場経過日数	1カ月以内
所属会社	一次			職種	その他	職務	作業員
傷病部位・傷病名	腸骨骨折						
負傷程度	休業4日以上				休業日数	180（日）	
必要資格	なし						

事故の型	墜落・転落	起因物	（大分類）	仮設物等	（中分類）	仮設物等	（小分類）	可搬式作業台

災害の発生状況

コンクリート打設作業の前日準備として、四階床にある型枠荷揚げ用の開口部躯体に雨養生のシートを取り付ける作業を行っていた。作業が終わり降りる際、足元を確認する事無くステップが無い方へ足を出してしまい、そのまま体勢を崩して床面に転倒した。

発生原因

人的要因					
分類	2．危険軽視・慣れ	分類	9．錯覚	分類	
・床高さ90cmと低床の可搬式作業台であったため、足元を確認することなく降りてしまった。		・天板が正方形に近かったため、足を出した方向に昇降用のステップが有るものと思ってしまった。			
原因評価（◎　○　△）	○	原因評価（◎　○　△）	◎	原因評価（◎　○　△）	

再発防止対策

・可搬式作業台使用に関するリスク教育を実施し、作業員の意識向上を図る。	・昇降ステップのある側にマーキングやステッカーを施す事で無い側との区別を行い、注意喚起を促す。	

物的要因発生原因	・天板が正方形に近く、昇降方向が分かりにくかった。	再発防止対策	・作業空間が極狭となる以外の箇所では、天板が長方形で手かかり棒のある可搬式作業台に変更する。
管理的要因発生原因	・業者持ち込みの仮設材に対し、元請けの関与が薄かった。	再発防止対策	・床高さに関係なく、極狭空間で使用する可搬式作業台については、作業所長への事前申出と許可制とする。

斜路で積載型トラッククレーンが逸走し、止めようとした運転手が被災

工 事 区 分		土木		発 生 時 刻		10：00 ～ 12：00			天 候	晴

被災者	性　別	男	年　齢	20歳代	経験年数		1年以上	入場経過日数	1年以上
	所　属　会　社		二次		職　種		大工	職　務	作業員
	傷病部位・傷病名		左足首　打撲						
	負　傷　程　度		休業４日以上			休　業　日　数		17（日）	
	必　要　資　格		有　（普通運転免許証・小型移動式クレーン運転技能講習）						

事 故 の 型	激突され	起 因 物	（大分類）	運搬機械	（中分類）	建設機械等	（小分類）	積載型トラッククレーン

災害の発生状況

土地区画整理事業地内の道路（斜路）において、型枠資材を積載型トラッククレーンに積み込むため、道路際に停止し、サイドブレーキの効きを確認せず降車した。その途端に車両が後退し始め、それに気づいた被災者は、車両を止めようと運転席に乗り移ろうとしたが、乗り切れず、右前輪タイヤに左足を踏まれ、負傷した。

発生原因

	人 的 要 因					
分 類	3．不注意	分 類	2．危険軽視・慣れ	分 類	8．パニック	
・サイドブレーキを確認しなかった。		・車止めをしなかった。		・動き出した車両を止めようとした。 （※この行為がなければ、擁壁と車両の物損だけであった）。		
原因評価（◎　○　△）	◎	原因評価（◎　○　△）	○	原因評価（◎　○　△）		○

再発防止対策

・サイドブレーキを確認の徹底。	・車止めの励行	・エンジン停止とローギア投入 ・可能な限り、平場への駐停車

物的要因発生原因	・坂道での駐停車で警戒措置が無かった。	再発防止対策	・可能な限り、平場に駐停車することと、掲示物等による注意喚起。
管理的要因発生原因	・危険個所（坂道停車）について教育不十分だった。	再発防止対策	・作業手順書や危険予知活動の見直し。

大型土のうを引っ張った時に後ろ向きに転倒

工 事 区 分	建築		発 生 時 刻	13：00 ～ 15：00			天 候	雨

被災者	性 別	男	年 齢	50 歳代	経験年数	1 年以上	入場経過日数	3 カ月以内
	所 属 会 社		二次		職 種	土工	職 務	作業員
	傷病部位・傷病名		右脚大腿部打撲					
	負 傷 程 度		休業 1 ～ 3 日			休 業 日 数		1 （日）
	必 要 資 格		なし					

事 故 の 型	転倒	起 因 物	（大分類）	仮設物等	（中分類）	荷	（小分類）	

災害の発生状況	地上面、資材置場で資材集積中、大型土のうを引っ張った際、大型土のうの中身が重量物ではなく軽量であったため、大型土のうごと後ろに転倒した。 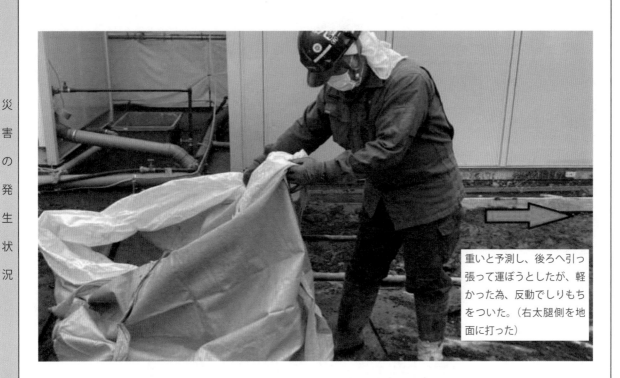 重いと予測し、後ろへ引っ張って運ぼうとしたが、軽かった為、反動でしりもちをついた。（右太腿側を地面に打った）

発生原因	人 的 要 因					
	分 類	2．危険軽視・慣れ	分 類	9．錯覚	分 類	
	・重量物と予測して引っ張ったが軽かったため反動で後方に尻餅をついた。		・袋の中身を移動前に確認していなかった。			
	原因評価（◎ ○ △）	◎	原因評価（◎ ○ △）	○	原因評価（◎ ○ △）	

再発防止対策	・重量物と予測される場合には必ず確認を行う。	・作業打合せ（KY 等）で作業内容を周知させる。	

物的要因発生原因	・予測していたより軽量だった。	再発防止対策	・移動前に必ず、荷姿・中身を確認する。
管理的要因発生原因	・KY 等での事前周知が不徹底だった。	再発防止対策	・作業内容・方法について作業員に周知・徹底する。

プラスターボード上に置いた脚立足場の脚が外れて墜落

工事区分		建築		発生時刻		10：00〜12：00		天候		晴

被災者	性　別	男	年　齢	50歳代	経験年数	1年以上	入場経過日数	1週間以内
	所　属　会　社	二次		職　種	大工	職　務	作業員
	傷病部位・傷病名	脛骨骨折2か所					
	負　傷　程　度	休業4日以上		休　業　日　数	60（日）		
	必　要　資　格	有　（足場組立て等作業従事者特別教育）					

事故の型	墜落・転落	起因物	（大分類）	仮設物等	（中分類）	仮設物等	（小分類）	脚立

災害の発生状況

ボードの山を移動するのが手間でボード上で脚立を立てて落ちた。

脚立の脚が積載されたＰＢ端部の上に設置

脚立と足場板の結束無し

発生原因

	人　的　要　因		
分　類	2．危険軽視・慣れ	分　類	1．無知・未経験・不慣れ	分　類	5．集団欠陥
・ボードの山を移動するのが手間でボード上で脚立を立てた。		・脚立足場を行う際の諸注意が経験での判断となっていた。	・共同作業員がいるにもかかわらず、注意を怠った。
原因評価（◎　○　△）　◎		原因評価（◎　○　△）　◎	原因評価（◎　○　△）　○

再発防止対策

・脚立を立てる場所は、床面とする。	・脚立足場を組むには、足場組立て等作業従事者特別教育の受講を周知させた。	・危険作業を確認した際には、必ず声掛けを行う。

物的要因発生原因	・不備な脚立足場。	再発防止対策	・声掛けと足場組立て等作業従事者特別教育の受講。
管理的要因発生原因	・特別教育受講有無の未確認。	再発防止対策	・足場組立て等作業従事者特別教育の受講。

h 3分類	不注意	災害事例 No.12

緊張用ジャッキを外した時、足上に落下

工 事 区 分	土木		発 生 時 刻		13：00～15：00		天 候	晴

被災者	性 別	男	年 齢	30歳代	経験年数	1年以上	入場経過日数	1年以上
	所 属 会 社		二次		職 種	大工	職 務	作業員
	傷病部位・傷病名	右足背部打撲傷・切創（4針縫合）						
	負 傷 程 度	不休				休 業 日 数		0（日）
	必 要 資 格	なし						

事 故 の 型	飛来・落下	起 因 物	（大分類）	装置等	（中分類）	人力機械工具等	（小分類）	緊張用ジャッキ

災害の発生状況

P1張出し12BL端部で、上床版コンクリート開き止めPC鋼棒（φ32）の緊張作業終了後に緊張用ジャッキ（56kg）を鋼棒から外すとき、チェーンブロックに吊られていると勘違いし引き抜いた際に落下し、右足の甲にジャッキの一部が接触し被災した。

被災者

緊張用ジャッキ取外し作業

発生原因

人 的 要 因			
分 類	3．不注意	分 類	3．不注意	分 類	
・チェーンブロックでのジャッキ吊り状態を目視のみで点検した。	・ナット締付レバーが操作しずらいためチェーンブロックのフックを外した。		
原因評価（◎ ○ △）　◎	原因評価（◎ ○ △）　○	原因評価（◎ ○ △）	

再発防止対策

・チェーンブロック吊りフックの点検は目で見て手で触って確認する。	・緊張作業中はチェーンブロックの吊りフックを外さない。	

物 的 要 因 発 生 原 因	・ナット締付レバーが操作しずらいためチェーンブロックのフックを外した。	再発防止対策	・緊張作業中はチェーンブロックの吊りフックを外さない。
管 理 的 要 因 発 生 原 因	・張出架設作業手順書「ジャッキ吊り状態を点検してから解放する」のみの記載。	再発防止対策	・チェーンブロック吊りフックの点検は目で見て手で触って確認する。

33

玉外し状況未確認のままクレーンを巻き上げ吊荷が転倒

工 事 区 分	建築	発 生 時 刻	10：00 ～ 12：00		天 候	晴

被災者	性　別	男	年　齢	50歳代	経験年数	1年以上	入場経過日数	1年以内
	所　属　会　社		二次		職　種	その他	職　務	作業員
	傷病部位・傷病名		右下腿解放骨折、左母指切創					
	負　傷　程　度		休業4日以上		休　業　日　数			7（日）
	必　要　資　格		有　（玉掛け）					

事 故 の 型	激突され	起 因 物	（大分類）	荷	（中分類）	荷	（小分類）	サッシ

災害の発生状況

相番者と共にサッシを積んだラック（2段）の荷卸しで玉外しをする際、相番者の玉外しが終了しないままクレーンオペレータに巻き上げを指示して巻き上げたところ、ラックが被災者側に倒れた。

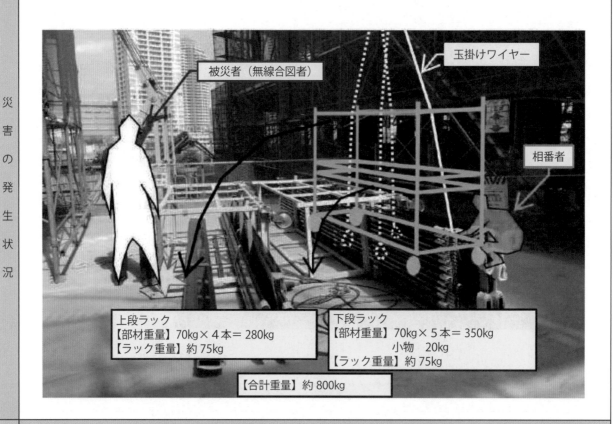

被災者（無線合図者）

玉掛けワイヤー

相番者

上段ラック
【部材重量】70kg×4本＝280kg
【ラック重量】約75kg

下段ラック
【部材重量】70kg×5本＝350kg
　　　　　　　小物　20kg
【ラック重量】約75kg

【合計重量】約800kg

発生原因		人 的 要 因					
	分　類	3．不注意	分　類	9．錯覚	分　類		
	・巻き上げ指示を出す前に実施すべき確認を怠った。		・相番者の玉外しが終了していると思い込んだ。				
	原因評価（◎　○　△）	◎	原因評価（◎　○　△）	◎	原因評価（◎　○　△）		

再発防止対策	・作業前に巻き上げ指示を出すタイミングを相番者と確認のうえ、その内容を徹底する。	・常に相番者とコミュニケーションを取り、お互いの作業状況を確認・共有する。	

物 的 要 因発 生 原 因	・1段積みで搬入されると思っていたラックが2段積みで搬入された。	再発防止対策	・搬入時の荷姿を事前に指示する。
管 理 的 要 因発 生 原 因	・玉掛け者への教育不足。 ・想定外発生時の対応方法の周知不足。	再発防止対策	・玉掛け者への再教育実施。 ・想定外の事象発生時は一旦作業を止めて手順を再確認する。

床開口養生蓋を移動しようとして開口部から墜落

工 事 区 分	建築	発 生 時 刻		10：00 ～ 12：00	天 候	晴

被災者	性 別	男	年 齢	20歳代	経験年数	1年以上	入場経過日数	1週間以内
	所 属 会 社	三次以降		職 種	鍛冶工	職 務	作業員	
	傷病部位・傷病名	胸椎破裂骨折、腰椎圧迫骨折、右橈骨遠位端骨折、両側肺挫傷、右腸骨骨折						
	負 傷 程 度	休業4日以上			休 業 日 数	60（日）		
	必 要 資 格	なし						

事 故 の 型	墜落・転落	起 因 物	（大分類）仮設物等	（中分類）仮設物等	（小分類）開口部

床板チェッカープレートの塗装作業中に開口部養生していた部分を塗装するため、床開口部の上に置いてあった養生（鉄板）を2人で持ち上げて移動した。開口部が鉄板下になっており、目視確認ができず、開口部から転落した（H=5000）。

災 害 発 生 状 況 図

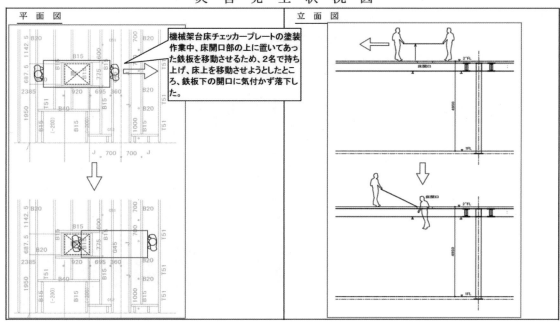

機械架台床チェッカープレートの塗装作業中、床開口部の上に置いてあった鉄板を移動させるため、2名で持ち上げ、床上を移動させようとしたところ、鉄板下の開口に気付かず落下した。

人 的 要 因

発生原因	分 類	3．不注意	分 類	9．錯覚	分 類	
	・床の開口を認識できなかった。		・鉄板が開口部養生だという認識がなかった。				
	原因評価（◎ ○ △）	◎	原因評価（◎ ○ △）	○	原因評価（◎ ○ △）	
再発防止対策	・上部床面の開口部では養生用蓋に表示を行う。		・本設でエキスパンドメタル蓋を準備し、開口を塞ぐ処置を即時行う事とする。			

物的要因発生原因	・上部作業完了前に水平ネットを払い撤去した。	再発防止対策	・上部床面の開口部では全開口部に仮設の囲いを設置する。 ・床上での作業が終わるまで水平ネットを残置する。
管理的要因発生原因		再発防止対策	

第2章　ヒューマンエラーによる労働災害事例（30事例）

高所作業車上昇時、吊りボルトに激突

工事区分	建築	発 生 時 刻	13：00〜15：00	天 候	晴

被災者	性 別	男	年 齢	20歳代	経験年数	3カ月以内	入場経過日数	1週間以内
	所 属 会 社		二次		職 種	設備工	職 務	作業員
	傷病部位・傷病名		左手背第一、二指間打撲兼挫創					
	負 傷 程 度		不休			休 業 日 数		0（日）
	必 要 資 格		有 （高所作業車の運転の業務に係る特別教育）					

事 故 の 型	挟まれ・巻込まれ	起 因 物	（大分類）	動力機械	（中分類）	建設機械等	（小分類）

災害の発生状況	１階車路で高所作業車を使用し、配管用の４分吊ボルトを取り付ける作業をしていた。設置した吊ボルトのレベルをチェックするため、高所作業車を一旦下降させたが下げ過ぎたために上昇させた時、設置済みの吊ボルトと高所作業車の手すりをつかんでいた左手を挟んだ。

発生原因		人 的 要 因				
	分 類	1．無知・未経験・不慣れ	分 類	3．不注意	分 類	
		・経験６カ月未満の作業員に対して１人作業を行わせた（指揮者が一時的に持ち場を離れた）。		・高所作業車操作時は周囲の確認を行うよう職長に指示されていたが、被災者の意識が低かった。 ・会社で決められている高所作業車操作時の「指差し呼称」を行わなかった。		
	原因評価（◎ ○ △）	◎	原因評価（◎ ○ △）	◎	原因評価（◎ ○ △）	
再発防止対策		・１人作業をさせず、指揮者が離れる時は作業を中止する。		・作業中は指差し呼称で安全確認を実施する。 ・現地KY時に「指差し呼称」を行い、習慣付けさせる。		

物的要因発生原因	・天井に取り付けてある４分全ねじボルトを認識できなかった（デッキ色と同色）。	再発防止対策	・ボルト単体で天井から吊り下げることを禁止。やむなく設置した状態で終業する時はキャップ等を取り付ける。
管理的要因発生原因	・高所作業車の特別教育を受けて約３カ月、作業経験１カ月であり、操作に不慣れがあった。	再発防止対策	・一次下請けの「体感教育施設」にて安全教育を受ける。（一次下請けルール）

h 4分類	連絡不足	災害事例 No.16

鋼管杭と圧入用ヤットコの調整中オペレータが巻き下げ操作をして挟まれ

工 事 区 分		土木	発 生 時 刻		8：00 ～ 10：00		天 候	晴

被災者	性 別	男	年 齢	10歳代	経験年数	1年以上	入場経過日数	3カ月以内
	所 属 会 社	一次		職 種	杭工		職 務	作業員
	傷病部位・傷病名	右手（中・薬・小指）の開放骨折						
	負 傷 程 度	休業1～3日				休 業 日 数	1（日）	
	必 要 資 格	なし						

事 故 の 型	挟まれ・巻込まれ	起 因 物	（大分類）	動力機械	（中分類）	建設機械等	（小分類）	杭打機

災害の発生状況

防潮堤建設作業場で、鋼管杭の圧入作業中に圧入用のヤットコを鋼管杭に仮置きをするとき、仮置き位置を調整しようとしてヤットコと鋼管杭の間に指を差し込んだ時にオペレータが「下げ」の合図があったと勘違いしてヤットコを下げ、指をヤットコと鋼管杭の間に挟んだ。

【挟まれ再現状況】　右手指挟まれ　被災者

発生原因

人 的 要 因						
分 類	1．無知・未経験・不慣れ	分 類	4．連絡不足		分 類	2．危険軽視・慣れ
	・ヤットコが下りてきたら一番危険な、ヤットコと鋼管杭の間に指を差し入れて位置調整をしようとした。		・被災者は、オペレータから見えない位置で作業をしていた。 ・被災者の合図を待たずに荷を下ろした。			同左
	原因評価（◎ ○ △）　◎		原因評価（◎ ○ △）　○			原因評価（◎ ○ △）　△

再発防止対策	・危険性、有害性の教育を再度実施した。	・合図、手順の再確認。 ・監視人の配置。	同左

物 的 要 因 発 生 原 因	・ヤットコに掴むところが無く、位置調整がやりずらかった。	再発防止対策	・位置調整用の取外しが可能な取っ手を設置して位置調整を行う。
管理的要因 発 生 原 因	・経験の浅い作業員に対する危険性・有害性の教育ができていなかった。 ・監視人を配置していなかった。	再発防止対策	・再教育の実施。合図、手順の再確認。 ・監視人の配置。

ストッパーがかかっていない台車が動いて床段差で転倒

工 事 区 分		建築	発 生 時 刻	10：00 〜 12：00		天 候	晴
被災者	性　別	男	年　齢	60歳以上	経験年数	1年以上	入場経過日数	3カ月以内

被	性　　別	男	年　　齢	60歳以上	経験年数	1年以上	入場経過日　数	3カ月以内
災	所 属 会 社	三次以降			職　種	大工	職　務	作業員
	傷病部位・傷病名	両大腿挫傷						
者	負 傷 程 度	休業1〜3日				休 業 日 数	1（日）	
	必 要 資 格	なし						

事 故 の 型	崩壊・倒壊	起因物	（大分類）	運搬機械	（中分類）	仮設物等	（小分類）	台車

ストッパーがかかっていない別途業者の台車が押され、玉突きにより荷崩れした。

災害の発生状況

			人 的 要 因					
発生原因	分　類	5．集団欠陥	分　類			分　類		
	・被災者の反対側の通路で他の作業員が奥にある台車上の資材を取りに行こうと、通路を確保するため手前側の台車を動かした。							
	原因評価（◎ ○ △）	◎	原因評価（◎ ○ △）			原因評価（◎ ○ △）		
再発防止対策	・複数の台車が連動する状況では、台車を移動させない。							

物 的 要 因発 生 原 因	・台車のストッパーが掛けられていなかった。	再発防止対策	・台車仮置時はストッパーを確実に掛ける。
管理的要因発 生 原 因	・工期逼迫のため、発注者指示により別途業者が台車と資材を大量に搬入・仮置した。	再発防止対策	・別途業者の搬入・仮置に対しても現場の状況を確認し、連絡調整を行う。

h 6分類	近道・省略行為	災害事例 No.18

バックホウを降りようとした時、操作レバーを動かし機体が旋回し接触

工 事 区 分		建築	発 生 時 刻		13：00 〜 15：00		天 候	晴
被災者	性　別	男	年　齢	20 歳代	経験年数	1 年以上	入場経過日数	3 カ月以内
	所 属 会 社	二次		職　種	その他	職　務	作業員	
	傷病部位・傷病名	下顎骨折・左耳切創						
	負 傷 程 度	休業 4 日以上			休 業 日 数		21（日）	
	必 要 資 格	なし						
事 故 の 型	激突され		起因物	（大分類）動力機械	（中分類）建設機械等		（小分類）バックホウ	

外構配管敷設作業中、埋設管が出てきたため手掘り作業に切り替えた。手掘り作業を開始するため掘削部に近づいたところ、バックホウのオペレータが状況確認のため降車しようとした際に操作レバーを動かしてしまい、バックホウのアームが旋回し、被災者の頭部に接触した。

災害の発生状況

人 的 要 因					
発生原因	分　類	6．近道・省略行為	分　類		分　類
	・バケットを地面に降ろさず、エンジンを切らずに重機から離れようとした。				
	原因評価（◎　○　△）	◎	原因評価（◎　○　△）	原因評価（◎　○　△）	
再発防止対策	・バケットを地面に降ろし、エンジンを切ってから重機から離れる。				
物 的 要 因発生原因			再発防止対策		
管 理 的 要 因発生原因	・重機離席時の基本事項の教育が不十分だった。		再発防止対策	・再度離席時の基本事項を教育し徹底させる。	

立入禁止開口部端部を歩行中に墜落

工 事 区 分			建築		発 生 時 刻		8：00〜10：00		天 候	晴

被	性 別		男	年 齢	20歳代	経験年数	1年以上	入場経過日数	1カ月以内
災	所 属 会 社			二次		職 種	とび工	職 務	作業員
	傷病部位・傷病名		肺、指・肺挫傷、指脱臼骨折						
者	負 傷 程 度			休業4日以上			休 業 日 数	127（日）	
	必 要 資 格		なし						

事 故 の 型	墜落・転落	起 因 物	（大分類）	仮設物等	（中分類）	仮設物等	（小分類）	開口部

災害の発生状況

吸水槽躯体2階で資材を手持ち運搬していたところ、立入禁止の開口箇所に墜落制止用器具を使用せずに立ち入り、約10m墜落した。

高さ約6.3m
高さ約10m
転落防止ネット設置
発見時、うつ伏せ状態、意識あり
手摺り高 97cm

発生原因 / 再発防止対策

人 的 要 因

分 類	6.近道・省略行為	分 類		分 類	
・立入禁止箇所を通って移動した。					
原因評価（◎ ○ △）	◎	原因評価（◎ ○ △）		原因評価（◎ ○ △）	

再発防止対策

・危険箇所への立入禁止の徹底。

物 的 要 因 発 生 原 因	・作業通路が遠いところに設置されていた。	再発防止対策	・作業状況に合わせて、その都度できるだけ近いところに作業通路を設置する。
管理的要因 発 生 原 因	・作業階（2階）の開口部に、墜落防止ネットが設置されていなかった。	再発防止対策	・作業階（2階）の開口部に、墜落防止ネットを設置する。

40

足場建地を昇降し、足を踏み外して墜落

工 事 区 分		建築	発 生 時 刻		8：00 ～ 10：00		天 候	雨
被災者	性 別	男	年 齢	50 歳代	経験年数	1 年以上	入場経過日数	1 年以内
	所 属 会 社		三次以降	職 種		とび工	職 務	作業員
	傷病部位・傷病名		多発性外傷					
	負 傷 程 度			死亡		休 業 日 数		7,500（日）
	必 要 資 格		有 （玉掛、フルハーネス）					

事 故 の 型	墜落・転落	起 因 物	（大分類）仮設物等	（中分類） 仮設物等	（小分類） 足場

解体する足場上で、足場大払し工法による解体作業中に層間ネットブラケットにかかっている高圧洗浄機のホースを外す作業で、建地をよじ登り、ホースを外した後、足場を伝わり降りようとして、足を踏み外して、墜落した。

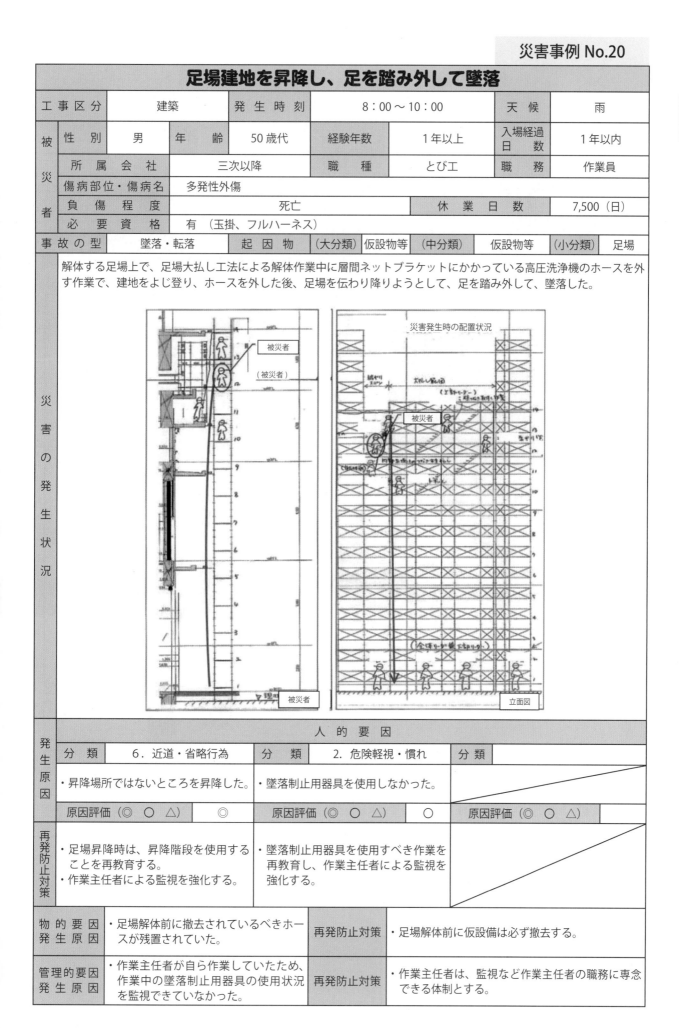

発生原因	人 的 要 因					
	分 類	6．近道・省略行為	分 類	2．危険軽視・慣れ	分 類	
	・昇降場所ではないところを昇降した。		・墜落制止用器具を使用しなかった。			
	原因評価（◎ ○ △）	◎	原因評価（◎ ○ △）	○	原因評価（◎ ○ △）	
再発防止対策	・足場昇降時は、昇降階段を使用することを再教育する。 ・作業主任者による監視を強化する。		・墜落制止用器具を使用すべき作業を再教育し、作業主任者による監視を強化する。			

物 的 要 因 発 生 原 因	・足場解体前に撤去されているべきホースが残置されていた。	再発防止対策	・足場解体前に仮設備は必ず撤去する。
管 理 的 要 因 発 生 原 因	・作業主任者が自ら作業していたため、作業中の墜落制止用器具の使用状況を監視できていなかった。	再発防止対策	・作業主任者は、監視など作業主任者の職務に専念できる体制とする。

外部足場から建屋鉄骨に乗り移る時に墜落

工事区分	建築	発生時刻	10：00～12：00	天候	晴

被災者	性別	男	年齢	60歳以上	経験年数	1年以上	入場経過日数	1年以内
	所属会社		二次		職種	左官工	職務	作業員
	傷病部位・傷病名		外傷性硬膜下血腫					
	負傷程度		死亡		休業日数		7,500（日）	
	必要資格		なし					

事故の型	墜落・転落	起因物	（大分類）仮設物等	（中分類）仮設物等	（小分類）足場

災害の発生状況

外部足場から建物側に移動するために、足場の手すりを乗り越え、建物の鉄骨に足を掛けてよじ登ろうとしたところ、バランスを崩して、足場と建物の隙間から地上まで約5m墜落した。

足を掛けた鉄骨と手摺

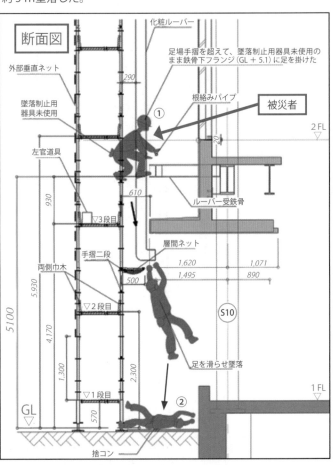

断面図

化粧ルーバー
外部垂直ネット
足場手摺を超えて、墜落制止用器具未使用のまま鉄骨下フランジ（GL＋5.1）に足を掛けた
墜落制止用器具未使用
根絡みパイプ
被災者
左官道具
ルーバー受鉄骨
層間ネット
手摺二段
両側巾木
足を滑らせ墜落
捨コン

人的要因

発生原因	分類	6．近道・省略行為	分類	10．中高年の機能低下	分類	
	・被災者は通路ではない場所を移動しようとした。		・自分ではよじ登れると思った場所でバランスを崩して墜落した。			
	原因評価（◎ ○ △）	◎	原因評価（◎ ○ △）	○	原因評価（◎ ○ △）	

再発防止対策	・通路以外の場所を移動する等の不安全行動の禁止について教育・指導する。 ・職長等による声掛けパトロールで不安全行動を抑止する。	・中高年作業員に運動機能等の低下について教育する。	

物的要因発生原因		再発防止対策	
管理的要因発生原因	・作業動線が不適切な部分があった。	再発防止対策	・作業の必要性に応じて、適切な通路を設ける。

未固定のデッキ上に乗り、デッキが外れて墜落

工 事 区 分	建築	発 生 時 刻	10：00〜12：00		天　候	晴

被災者	性　別	男	年　齢	30歳代	経験年数	1年以上	入場経過日数	1カ月以内
	所 属 会 社	三次以降			職　種	とび工	職　務	作業員
	傷病部位・傷病名	右鎖骨骨折（近位端）・腰椎右横突起骨折（第1/2/3）、右第12肋骨骨折、右肘関節挫創/打撲						
	負 傷 程 度	休業4日以上			休 業 日 数		97（日）	
	必 要 資 格	なし						

事 故 の 型	墜落・転落	起 因 物	（大分類）	仮設物等	（中分類）	仮設物等	（小分類）	

災害の発生状況

被災者は、ランプにて3階のデッキ敷き作業を行っていた。10時休憩前に、デッキ残材の荷下ろしをする際、溶接されていないデッキ未固定部を認識していながら、そのデッキに乗り、6.8m下のランプスラブ上へ墜落した。

再現写真

デッキ

6800

発生原因

人 的 要 因

分　類	6．近道・省略行為	分　類	2．危険軽視・慣れ	分　類	
・「親綱が設置してあるエリアでは必ず墜落制止用器具を使用する」という作業所ルールを守らなかった。		・デッキ未固定は認識していたが、墜落する危機意識が無く、デッキに乗った。			
原因評価（◎　○　△）	◎	原因評価（◎　○　△）	◎	原因評価（◎　○　△）	

再発防止対策

・作業員に規則・手順の再確認を定期的且つ継続的に実施する。 ・危険意識の醸成に向け、災害防止につながるKYを具体的に元請社員関与のもと実施する。	・端部デッキの固定・未固定の識別のために、目印としてロープを使用し、溶接前ロープ有、溶接済ロープを外す手順にて危険の見える化を図る。 ・危険意識の醸成に向け、災害防止につながるKYを具体的に元請社員関与のもと実施する。	

物 的 要 因 発 生 原 因	・敷設したデッキが未固定（未溶接）であった。	再発防止対策	・大版端部の要加工箇所はデッキ加工後取付と同時に溶接にて固定を行い、仮敷状態の時間をなくす。
管 理 的 要 因 発 生 原 因	・作業所は墜落防止の為の規則は定めていたが、作業手順書に2丁掛墜落制止用器具の使用や、速やかなデッキの固定について、具体的な手順の記載が無かった。	再発防止対策	・作業手順書を見直し、具体的な手順として次を記載する。溶接完了までのサイクルを定め、完了後に次の施工場所に移動する。

吊り治具がヘルメットに接触し、咄嗟に動いて手すりに顔が激突

工 事 区 分		土木	発 生 時 刻		13：00 ～ 15：00		天 候	晴
被災者	性　　別	男	年　　齢	40 歳代	経験年数	1 年以上	入場経過日数	1 カ月以内
	所 属 会 社	一次			職　　種	とび工	職　　務	作業員
	傷病部位・傷病名	頬骨骨折						
	負 傷 程 度	休業 1 ～ 3 日				休 業 日 数		3（日）
	必 要 資 格	有　（玉掛け技能講習）						
事 故 の 型		激突	起 因 物	（大分類）　荷		（中分類）　荷	（小分類）	吊り治具

橋梁架設工事に用いる移動作業車の組立作業において、吊り治具を用いて電動チェーンブロックを吊り下げた状態で所定の位置にセットしていた。作業中、干渉部材に気を取られて吊り治具から目を放した際、吊り治具がヘルメットに接触した事に驚き、咄嗟に避けようとして手すりに顔をぶつけた。

災害の発生状況

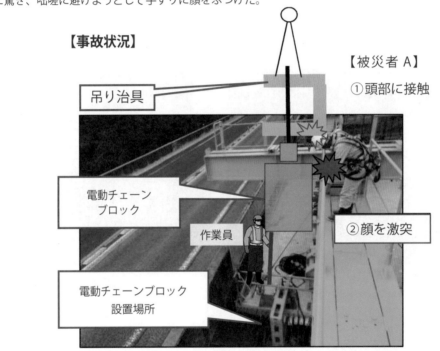

【事故状況】

吊り治具

電動チェーン
ブロック

作業員

電動チェーンブロック
設置場所

【被災者 A】

①頭部に接触

②顔を激突

発生原因	人 的 要 因					
	分　類	2．危険軽視・慣れ	分　類	7．場面行動	分　類	
	・吊り治具と吊荷はユニバーサルによって回転が可能であったにもかかわらず、方向を修正する事なく安易に作業を進めてしまった。		・干渉部材に気を取られた事で吊荷に近づきすぎた。また、予想しなかった接触があったため、手すり位置を確認する事なく咄嗟に行動を取ってしまった。			
	原因評価（◎ 〇 △）　◎		原因評価（◎ 〇 △）　◎		原因評価（◎ 〇 △）	
再発防止対策	・手順通りの作業進行と重量物のバランスや取扱いについて、監視する人員配置を再構築する。		・吊荷下への安易な立入を防止するため、半径 1m の位置に立入禁止措置を設置する。			
物 的 要 因発 生 原 因	・従前の墜落防止用の手すりしかなかったため、体を容易に乗り出す事ができた。		再発防止対策	・組立中の挟まれ防止対策として、最上段の手すりを 2 m までかさ上げする。		
管理的要因発 生 原 因	・吊り治具の方向修正をいつの段階で行うのかについて、作業手順書に記載が無かった。		再発防止対策	・作業手順書に吊り治具の方向修正をいつ行うかを明確に記載し、作業者に周知する。		

プラスチックベニヤ養生に足を掛けて踏み抜き

工事区分	建築		発生時刻		15：00～17：00		天候	晴

被災者

性別	男	年齢	50歳代	経験年数	1年以上	入場経過日数	3カ月以内
所属会社		三次以降		職種	土工	職務	作業員

傷病部位・傷病名	左肘橈骨頭骨折、左手関節挫傷		
負傷程度	休業4日以上	休業日数	60（日）
必要資格	なし		

事故の型	墜落・転落	起因物	（大分類）	環境	（中分類）	仮設物等	（小分類）	プラベニヤ

災害の発生状況

　1F駐車場において、塩ビ桝およびガソリントラップの清掃を行いながらガソリントラップの反対側にあった塵取りを取ろうと移動していた。その際、ガソリントラップの養生をしていたプラベニヤに足を掛けて踏抜き転倒した（本人はプラベニヤで養生していることは認識していた）。

プラベニヤにて養生

発生原因

	人的要因				
分類	7．場面行動	分類	6．近道・省略行為	分類	
・作業に集中し、塵取りを取ろうとした時、プラベニヤで養生していることを失念した。		・カラーコーンで囲いが設置してあるにもかかわらず、トラップの上を通行してしまった。			
原因評価（◎　○　△）	○	原因評価（◎　○　△）	◎	原因評価（◎　○　△）	

再発防止対策

・作業に則したリスクアセスメント作業手順書を作成する。	・作業内容に準じたリスクKYの実施を徹底する。	

物的要因発生原因	・開口部の養生蓋がプラベニヤであった。	再発防止対策	・開口部養生強固な材料を使用させる。
管理的要因発生原因	・リスクアセスメント作業手順書に養生方法に対する記載が欠落していた。	再発防止対策	・作業に則したリスクアセスメント作業手順書の作成を徹底させる。

h 8分類	パニック	災害事例 No.25

生コン車退場時、シュートがポンプ車にぶつかりそうになり咄嗟に動いて挟まれ

工事区分		建築	発生時刻		8：00～10：00		天候	晴

被災者	性別	男	年齢	20歳代	経験年数	1年以上	入場経過日数	1年以内
	所属会社		一次		職種	その他	職務	協力会社職員
	傷病部位・傷病名		右手中指環指裂傷					
	負傷程度		休業4日以上			休業日数		12（日）
	必要資格		なし					

事故の型	挟まれ・巻込まれ	起因物	（大分類）	運搬機械	（中分類）	動力運搬機	（小分類）	生コン車

<table>
<tr><td rowspan="2">災害の発生状況</td><td>コンクリート打設作業の際、退場待ちをしていた生コン車のシュート先端がポンプ車のアウトリガーに接触しそうだったので、シュートの向きを変えようとしたところ、生コン車が動き出し指を挟んだ。</td></tr>
<tr><td>

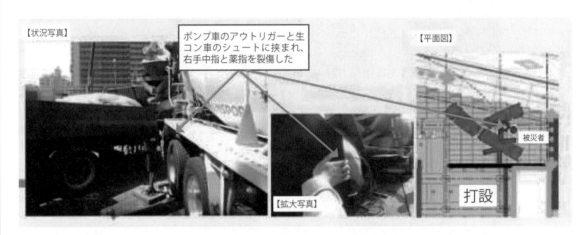

【状況写真】　ポンプ車のアウトリガーと生コン車のシュートに挟まれ、右手中指と薬指を裂傷した　【平面図】　被災者　打設　【拡大写真】

</td></tr>
</table>

発生原因	人的要因					
	分類	8．パニック	分類		分類	
	・目の前でシュートとアウトリガーが接触しそうになったので、慌てて手を出した。					
	原因評価（◎ ○ △）	◎	原因評価（◎ ○ △）		原因評価（◎ ○ △）	
再発防止対策	・挟まれる箇所に手指を入れてはいけないことを再度教育する。 ・災害事例を用いて、挟まれ・巻込まれ災害について安全教育を行う。					
物的要因発生原因	・生コン車前方に仮設単管手すりがあり、ハンドルを切って発進したため、シュートが振れた。		再発防止対策	・生コン車の周囲には障害物がないよう作業計画を立てる。		
管理的要因発生原因	・生コン車を2台着けする際、1台がポンプ車の横に着ける配置となっていた。		再発防止対策	・2台の車両がポンプ車の後方に着けられるような作業計画とする。		

h 9分類	錯覚	災害事例 No.26

クレーン仕様バックホウでＰＣ杭玉掛け中、オペレータが吊り上げて挟まれ

工 事 区 分		建築	発 生 時 刻		8：00 〜 10：00		天　候	晴
被災者	性　別	男	年　齢	60 歳以上	経験年数	1 年以上	入場経過日数	1 週間以内
	所 属 会 社		二次		職　種	土工	職務	作業員
	傷病部位・傷病名		右示指解放骨折					
	負 傷 程 度		休業 1 〜 3 日		休 業 日 数			3 （日）
	必 要 資 格		有　（玉掛け技能講習）					

事 故 の 型	挟まれ・巻込まれ	起 因 物	（大分類）	荷	（中分類）	荷	（小分類）	PC 杭

災害の発生状況	クレーン仕様のバックホウで地中障害で出た PC 杭の積み込みをしていた時、オペが合図者が合図をしたと思い込み、荷を上部へ吊り上げたためワイヤの掛かりを直していた被災者がワイヤと PC 杭との間に指を挟まれた。 バックホウ ワイヤ位置直し時に バックホウが動き ワイヤと PC 杭の間に 指を挟んだ

発生原因	人 的 要 因				
	分　類	3．不注意	分　類	9．錯覚	分　類	
	・玉掛けワイヤと荷の間に指を入れて作業を行っていた。		・合図者は合図を行っていなかったが、オペは作業員や合図者の動きから合図があったと認識してしまい荷を吊り上げた。		
	原因評価（◎　○　△）	○	原因評価（◎　○　△）	◎	原因評価（◎　○　△）	

再発防止対策	・KY などでワイヤと荷の間に指を入れないよう注意喚起を行い、また共同作業者も確認、声掛けをしながら作業を行う。	・明確な合図を共通認識として分かりやすく確実に合図を行うよう徹底する。また、オペは合図が不明確な場合は吊り上げ作業を行わない。 ・地切り作業をゆっくり行う（3・3・3運動の実施）。	

物 的 要 因 発 生 原 因	・吊荷と重機の位置が悪かった（オペから作業員の手元が見えない）。	再発防止対策	・オペから目視できる位置、向きで作業を行う。
管理的要因 発生原因	・作業所で定めた合図が共通ルールとして認識されていなかった。	再発防止対策	・作業開始前に関係者にて合図の確認を行う。

47

敷鉄板上移動中、段差部につまずき転倒

工 事 区 分	建築	発 生 時 刻	8：00 〜 10：00	天 候	曇

被災者	性　　別	男	年　　齢	60 歳以上	経験年数	1 年以上	入場経過日数	1 年以内
	所 属 会 社	二次			職　　種	左官工	職　　務	作業員
	傷病部位・傷病名	右膝蓋（膝の皿）骨骨折						
	負 傷 程 度	休業 4 日以上			休 業 日 数	80（日）		
	必 要 資 格	なし						

事 故 の 型	転倒	起 因 物	（大分類）	仮設物等	（中分類）	仮設物等	（小分類）	敷鉄板

災害の発生状況

被災者は先に作業場所に向かった職長に追いつこうとして、小走りで南側通路を通行したところ敷鉄板上の段差でつまずき転倒した（両手とも何も持っていなかった）。

発生原因

人 的 要 因

分　類	10．中高年の機能低下	分　　　類	6．近道・省略行為	分　　　類	
	・何も持っていなかったのに、つまずいた際に手も足も出ず倒れた。		・当日は北側迂回路を通って作業場所へ行く計画（職長は北側通路を使用）になっていたが、急いでいたため南側通路を小走りで通った。		
原因評価（◎　○　△）	◎	原因評価（◎　○　△）	○	原因評価（◎　○　△）	

再発防止対策

・場内ではつま先を上げて、段差に注意しながら歩行するよう指導する。	・決められた通路を通行する、場内では走らないことを徹底する。	

物 的 要 因 発 生 原 因	・敷鉄板の端部がめくれあがっていた。	再発防止対策	・真っ直ぐになるよう補修するか、つまずかないように黄色マーカーで目立たせ注意喚起する。
管 理 的 要 因 発 生 原 因	・通行禁止の表示やバリケード等の設置がなかった。	再発防止対策	・通行禁止の表示やバリケード等を設置し、作業員が通行しないよう促す。

根切り底移動中、足を滑らせ転倒

工 事 区 分	建築		発 生 時 刻	10：00 ～ 12：00		天 候	晴

被災者	性 別	男	年 齢	60 歳以上	経験年数	1 年以上	入場経過日数	1 週間以内
	所 属 会 社		二次		職 種	土工	職 務	作業員
	傷病部位・傷病名		右大腿骨転子部骨折					
	負 傷 程 度		休業 4 日以上			休 業 日 数		60（日）
	必 要 資 格		なし					

事 故 の 型	転倒	起 因 物	（大分類）	環境	（中分類）	環境等	（小分類）	

災害の発生状況

埋戻し工区の地中梁側に汚れ防止養生用の防湿ポリフィルムをテープで固定作業中、一人で梁側に沿って移動した際に足元が滑り転倒した。

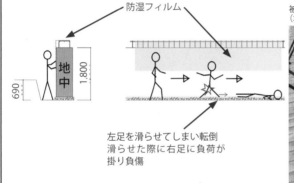

防湿フィルム固定作業

隣のフィルムが風に煽られた為、押さえようとして移動

防湿フィルム

地中 1,800 690

左足を滑らせてしまい転倒
滑らせた際に右足に負荷が掛り負傷

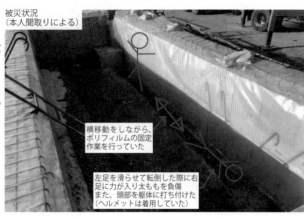

被災状況
（本人聞取りによる）

横移動をしながら、ポリフィルムの固定作業を行っていた

左足を滑らせて転倒した際に右足に力が入り太ももを負傷
また、頭部を躯体に打ち付けた
（ヘルメットは着用していた）

発生原因

	人 的 要 因					
分 類	10. 中高年の機能低下	分 類		分 類		
・高齢者（67 歳）の一人作業であった。						
原因評価（◎ ○ △）	◎	原因評価（◎ ○ △）		原因評価（◎ ○ △）		

再発防止対策

・2 人以上での作業とする。
・高齢者本人の自覚を促すように指導する。
・高齢者作業制限等ルールを決め遵守させる。
・高齢者作業員はベストを着用とし、周辺作業員からの声掛けや配慮を促すようにする。

物 的 要 因 発 生 原 因	・梁側と法面との間が 400 mm 程度と、平坦部分が狭い場所での作業であった。	再発防止対策	・安定した地盤で作業できるよう、段差部を埋戻してから、防湿フィルム取り扱い作業を行う。
管 理 的 要 因 発 生 原 因	・被災者は、通常の動作やちょっとした負荷により骨折してしまった（骨粗しょう症）。	再発防止対策	・骨粗しょう症対策：作業前にストレッチを実施し、柔軟性を高め骨折防止を図る。 ・骨密度測定検査受診。

h11 分類	疲労	災害事例 No. 29

梁型枠を跨いだ時、段差につまずき梁底に墜落

工事区分	建築	発生時刻	15：00 ～ 17：00	天候	晴

被災者	性別	男	年齢	20歳代	経験年数	1年以上	入場経過日数	1年以内
	所属会社	二次			職種	大工	職務	作業員
	傷病部位・傷病名	右肘関節打撲						
	負傷程度	不休			休業日数	0（日）		
	必要資格	なし						

事故の型	墜落・転落	起因物	（大分類）	材料	（中分類）	材料	（小分類）	コンパネ

災害の発生状況

4階スラブ型枠用デッキスラブ上で墨出し作業中、梁型枠を跨ごうとして段差につまずき梁型枠底に転落した。
（高さ 85cm）

（1）H＝ 200 段差にてつまずき

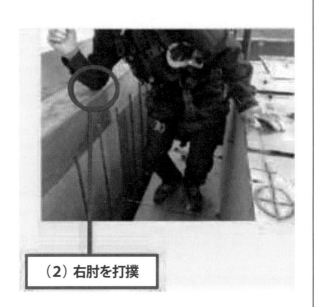

（2）右肘を打撲

発生原因

人 的 要 因

分類	11．疲労	分類	2．危険軽視・慣れ	分類	
・職人不足で2週間休みなく働いていた。		・梁を跨ぐ際、よそ見をしたため段差があることに気が付かなかった。 ・まさか梁底に落ちると思わなかった。			
原因評価（◎ ○ △）	◎	原因評価（◎ ○ △）	◎	原因評価（◎ ○ △）	

再発防止対策

・事業主は、休みなく連続出社にならないよう適正配置を行う。	・床型枠上を歩く際は、足元を十分確認する。	

物的要因発生原因	・床段差の明示がなかった。	再発防止対策	・床段差型枠にスプレーでマーキングする。
管理的要因発生原因因	・ＫＹ活動が形骸化していた。	再発防止対策	・当日の作業条件・環境に応じたＫＹ活動を行うとともに、現地ＫＹを行いＫＹの充実化を図る。

h12分類	単調作業による意識低下	災害事例 No. 30

車両タイヤ洗浄中、後ろにあったカラーコーンにつまずき転倒

工 事 区 分		建築		発 生 時 刻	13：00 ～ 15：00		天 候	曇

被災者	性 別	男	年 齢	60 歳以上	経験年数	1 年以上	入場経過日数	6 カ月以内
	所 属 会 社		二次		職 種	その他	職 務	作業員
	傷病部位・傷病名		脊髄損傷					
	負 傷 程 度		休業 4 日以上			休 業 日 数		74（日）
	必 要 資 格		なし					

事 故 の 型	転倒	起 因 物	（大分類）	仮設物等	（中分類）	仮設物等	（小分類）	カラーコーン

災害の発生状況

タイヤ洗浄業務に従事していた作業員がミキサー車のタイヤ洗浄中に後方にあったカラーコーン（プラスチック製）に足元をとられ転倒した。

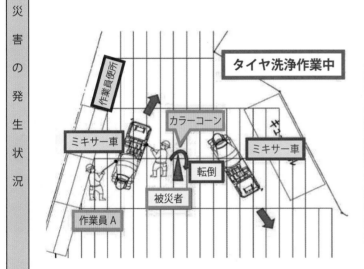

タイヤ洗浄作業中

転倒

発生原因

	人 的 要 因					
分 類	12. 単調作業による意識低下	分 類		分 類		
原因	・作業に集中して後方の安全を確認せずに後退した。					
	原因評価（◎　○　△）　○	原因評価（◎　○　△）		原因評価（◎　○　△）		
再発防止対策	・指差呼称による周囲の安全確認を習慣づけさせる。					

物 的 要 因発生原因	・カラーコーンが作業に影響の与える位置に設置してあった。	再発防止対策	・洗浄作業に影響のある範囲には障害物を設置しない。
管理的要因発生原因	・転倒することに対しての危険予知ができていなかった。	再発防止対策	・現地ＫＹの重要性を教育し、危険に対する感受性を高める。

第3章

ヒューマンエラー
対策事例（38事例）

1. 対策事例の区分け

　建設業をはじめとする各産業での事故・災害を防止するための基本対策は、第1章で挙げた「4つのE」に区分される。

　その内容をヒューマンエラーの発生要因との関係で整理すると、

① **教育的対策（Education）**には、必要な事項を習得させる知識教育と身体の行動として刻み込ませる訓練がある。知識教育としては、新規入場時教育や災害事例、ヒヤリ・ハット情報を活用した教育などがあり、訓練例では墜落制止用器具の装着・使用について実地訓練を行っているところが多い。

② **協調・強化に基づく訓練（Enforcement）**は、人間の特性の1つである物忘れとか、目に見えない危険に対しては注意が疎かになることなどを考え、作業開始前に危険の所在を確認し安全意識を高めておく方策である。一般的に普及しているものとして危険予知活動、指差し呼称運動、一声かけ運動がある。

③ **模範を例示する対策（Example）**は、主に未熟練者とか危険を軽視する傾向のある作業者を念頭において安全な作業方法を示すほか、災害の一歩手前で助かった事例の紹介、作業行動のチェック、災害の疑似体験、健康チェックなども含まれる。

④ **工学的な措置による対策（Engineering）**は、機械・装備の改良によって事前に危険との接触や不安全行動を回避するもので、音声や視覚を通じての注意喚起、重機への監視・警報システムの導入などが進んでいる。

　本書では、まず38の対策事例を以上の4つに区分けし、それぞれがどのヒューマンエラー要因の発生防止に効果的かを一覧表のかたちで示したうえで、各事例の内容を紹介することとした。

2. ヒューマンエラー対策事例の集計結果と傾向

（1）対策事例の全体的傾向

　資料提供のあったヒューマンエラー災害事例117件のうち、多く発生したエラー要因はh2「危険軽視・慣れ」、h6「近道・省略行為」、h3「不注意」、h1「無知・未経験・不慣れ」の順で多く、全体の67％を占めている（次ページ参照）。

　一方、対策事例の要因別件数については、最も多い要因が災害事例と同様にh2「危険軽視・慣れ」となり、以降については順位は入れ替わるが全体の74％を占めている。

　多くの災害が発生している要因に対しては、各社とも重点的に災害防止対策が取られていることが分かる。

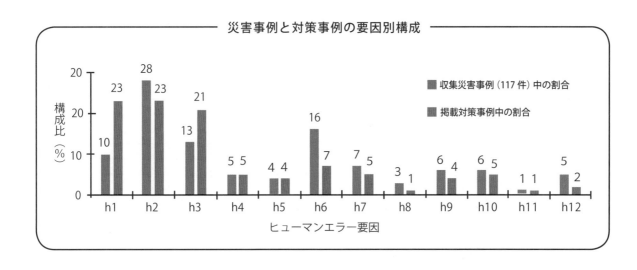

災害事例と対策事例の要因別構成

■ヒューマンエラー要因

h 1	無知・未経験・不慣れ	h 2	危険軽視・慣れ
h 3	不注意	h 4	連絡不足
h 5	集団欠陥	h 6	近道・省略行為
h 7	場面行動	h 8	パニック
h 9	錯覚	h 10	中高年の機能低下
h 11	疲労	h 12	単調作業による意識低下

（2）今後の課題

①　作業員の高齢化が急速に進んでいる建設業界においては、中高年の機能低下に伴うヒューマンエラー災害防止対策が急務である。

②　今後、担い手不足による未経験者の増加・外国人労働者の増加、働き方改革推進による機械化・無人化施工等々により多様化する災害発生要因への対応が必要である。

③　今後は、如何にリスクを前提とした安全衛生活動を展開し、ルールを逸脱することなく安全な状態を維持し続けることが重要と思われる。そのためにも各社が創意工夫により取り組んでいる有効な災害防止対策について、業界全体で検討を重ね水平展開を図る必要があると考えられる。

☆ 「ヒューマンエラー分類とその対策事例」一覧表

区分	方策	事例No.	対策事例	h1 ・無知・未経験・不慣れ	h2 ・危険軽視・慣れ	h3 ・不注意	h4 ・連絡不足	h5 ・集団欠陥	h6 ・近道・省略行為	h7 ・場面行動
1 教育	災害事例による安全意識の高揚	1	災害事例を用いた、教育・訓練（なぜなぜ分析）	◎	◎				◎	
		2	経験年数３年以下作業員への「＋１（プラスワン）教育」の実施	◎						
	危険体感教育による安全意識の高揚	3	危険体感教育の実施	◎	◎			◎		
		4	危険体感語り部カーによる危険意識向上	◎	◎	◎				
	掲示物による安全意識の高揚	5	注意喚起ポスターの作成		◎	◎				
		6	「重大災害カレンダー」の配布、掲示	◎	◎					
		7	「ヒューマンエラー防止展開シート」の作成、展開	◎	◎	◎				
		8	「転倒しやすい場所マップ」の作成と掲示	◎			◎			
	工具等の適正使用の教育の実施	9	未習熟者に対する電動工具取り扱い教育	◎						
		10	可搬式作業台等、適正使用教育の実施		◎	◎			◎	
	ヒヤリハット事例の水平展開	11	ヒヤリハット事例収集アプリの開発と事例の活用	◎	◎					
	外国人労働者への安全衛生教育	12	外国人労働者に対する母国語での安全衛生教育				◎			
2 協調・強化	声かけによる不安全行動防止	13	思いやり声かけ運動	◎						
		14	「声かけリーダー」の任命による注意喚起		◎					◎
		15	「安全一声（ひとこえ）運動」の実施			◎			◎	
	段差・障害物等の見える化	16	鋼製リン木材黄色着色による危険個所の見える化							◎
		17	敷鉄板段差部の「見える化」			◎				
		18	段差部の見える化による転倒防止			◎				
		19	開口部の養生と表示			◎				
	ヘルメットシール、ヘルバンドによる高齢者、新規入場者の見える化	20	新規就業者（新規参入者）用ヘルメットシールによる識別	◎						
		21	ヘルバンドによる有資格者の見える化				◎			
		22	高齢者、未熟練者、年少者等の識別	◎						
	自主的な災害防止活動の実施	23	「私の安全宣言」の活用および作業場への掲示		◎			◎		◎
3 模範の教示	異業者間のコミュニケーション	24	「言える化　聞ける化」運動	◎	◎	◎				
	職長による模範行動	25	新規入場者への「新規入場者意識付け活動」	◎	◎			◎		
	行動チェックエリアの設置	26	指差呼称の定着に向けて「指差呼称定着エリア」の設置		◎	◎				
		27	可搬式作業台の使用ルールの実物掲示	◎		◎			◎	
		28	始業前現地での「一人KY」の実施		◎	◎				◎
	現場内ルール掲示	29	脚立の単独使用は原則禁止	◎	◎				◎	
		30	WBGT値を活用した行動基準（休憩回数等）の設定	◎						
		31	現場ルールの見える化	◎						
4 工学的	資機材・装置への上乗せによる不安全行動・不安全状態の回避	32	足場の隙間に専用のカバーを設置			◎				
		33	可搬式作業台（立馬）の転倒防止対策			◎				
		34	可搬式作業台からの墜落災害防止			◎				
		35	受電後のキュービクル施錠管理（不特定者の接触による感電防止）	◎	◎					
		36	高所作業車の挟まれ防止装置　DDL 1							
	定点カメラによる遠隔監視	37	Webカメラを活用した不安全行動の監視			◎			◎	
	アラームによる注意喚起	38	魔の時間帯「作業開始１時間前後」に安全を意識させる取組み			◎				
			資　料　件　数（件）	19	19	17	4	3	6	
			対策事例の構成比（%）	22.9%	22.9%	20.5%	4.8%	3.6%	7.2%	
			順　　位	1	1	3	5	8	4	

h 8 ・パニック	h 9 ・錯覚	h 10 ・中高年の機能低下	h 11 ・疲労	h 12 ・単調作業による意識低下	期待される効果
					危険有害要因の排除、安全意識の高揚
					経験不足による危険への知識を補い、安全意識を高める
					何が危険なのか、どのように危険なのかを実際に五感で感じさせ、災害の怖さを認識させる
					危険意識の向上
					類似作業を行う際のKY活動の活性化
					同種工事で過去にどのような災害が発生したかを知ることにより、現場の進捗と照らし合わせながら作業員の意識向上につなげる
					作業員に「気づき」を持たせることによる、ヒューマンエラーの低減
		◎			転倒災害が多く発生している昨今では、有効な掲示であり、災害防止に繋がる
					電動工具の正しい取り扱いを身につけるとともに、安全意識の向上を図る
					適切な使用方法を理解させることにより適正使用を推進する
					ヒヤリハット事例が災害に繋がらないように事前の対策が打てるようになる。データが集まると作業所の状態が把握できるようになり、環境改善に繋げることができる
					邦人、外国人で同じ内容の安全衛生教育を各言語で行うことにより個々の作業手順が共有化される
					風通しの良い職場環境作り、仲間意識の高揚
				◎	円滑なコミュニケーションを図ると同時に、注意喚起や作業員の安全に対する意識向上が図れる
					コミュニケーションづくりにより、不注意や故意による近道行為などの不安全行動を防止する
					足もとの危険物（リン木）を目立つようにして、周囲の安全確認の意識を持ってもらう
		◎			段差部が明確になるため歩行時に注意する
	◎				転倒災害に対する危険意識向上
	◎				作業のため一時的に蓋を取らなければならない場合のリスクアセスメントが行われ危険要素の排除が行われることが期待できる。
					毎日、他社作業員も含めて、一言声をかけることにより、作業所に潜む危険性・有害性を「見抜く力」を養う
					適正配置の見える化
		◎			高齢者等に対する声掛けにより、安全意識の高揚が図れる
					「私の安全宣言」の個々の実践にて、作業所内での安全活動の模範となってもらう
					危険な行動をしている作業員に対して、会社や職種が違っても「それは危険ですよ、ルール違反ですよ」と一声かけ、言われた側も素直にその指摘に耳を傾け是正をする。災害防止は勿論のこと作業所内の職種を越えた連携も高める
					職長と新規入場者が「新規入場者意識付け活動」を実施することで、現場に不慣れな作業員（新規入場7日以内）がいることを認識させ、安全意識を向上させる
					指差呼称を定着させることにより人間の心理的な欠陥に基づく誤判断、誤操作、誤作業を防ぎ、労働災害を未然に防止する
					可搬式作業台使用時の不安全行動の抑止、適切な設置状況の認識を作業所全体に広める
					作業開始前に実際作業する場所で、一人一人が作業する場所で自問自答カードの内容を確認しながら、その日の作業の中での危険ポイント確認し、意識して災害防止に努める
					新規入場者へ社内ルールの周知、不安全行動の撲滅
			◎		WBGT値を活用した行動基準（休憩回数等）の設定
					毎日、現場ルールを再確認し、ルール逸脱、近道行動をなくす
		◎			転倒災害、飛来・落下災害を防止する
					再発防止として安全教育や管理強化を図るが、なかなか後を絶たない同種災害を工学的手法で未然に防止する
					死亡・重篤災害、ゼロ
					不特定者の操作・接触による感電防止
◎					死亡・重篤災害、ゼロ
					離れた場所から監視できるため、多くの目で確認ができて、指導の範囲が広がる
	◎			◎	集中力や緊張感が途切れた時間帯になぜ災害が集中して発生するか？そのときに行動災害が多く発生している現状を改善する目的でこの運動を実施中
1	3	4	1	2	83
1.2%	3.6%	4.8%	1.2%	2.4%	
11	8	5	12	10	

1．教育を通じた対策事例

対策事例	災害事例を用いた、教育・訓練（なぜなぜ分析）		
HE分類 （複数回答可）	1．無知・未経験・不慣れ 2．危険軽視・慣れ 6．近道・省略行為	対策区分	教育
狙い目的	・災害事例を用いることにより、ただの ヒューマンエラーで片付けてしまうの ではなく、より踏み込んだ原因究明、 再発防止対策立案に役立てる。	期待効果	・危険有害要因の排除 ・安全意識の高揚
実施時期	随時	実施場所	その他
適用範囲	元請・協力会社	対象者	協力会社作業員
実施部署	元請	実施頻度	随時
具体的成果	・労働災害の減少 ・ヒヤリハットの減少	対策に対する評価	・確実に安全意識が高まり、災害の減少 が期待できる。
その他			
対策の内容	①店社安全品質環境本部から、月に1回の頻度で特に災害の多い工種、事故の型で災害分析シート（次頁参照）を発信する。 ②現場で月例の安全大会や安全教育訓練の際に、被災者のヒューマンエラーで片付けてしまわず踏み込んだ原因究明等を実施し、より効果的な再発防止対策の立案に活用する。		

激突され災害　事例分析

類似の作業はないですか？　なぜこの災害は発生してしまったのでしょう？
この災害は防ぐことができたのではないでしょうか？

生コン車と接触して転倒し、手を負傷

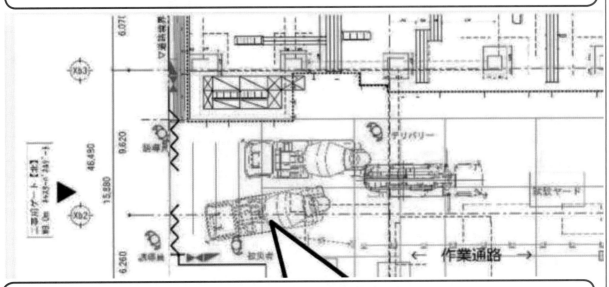

作業通路

左手中指骨折　休業 367 日

【発生状況】

・被災者は 10 時ごろ休憩するために場外に出て、飲み物を購入した。
・喫煙所に行くためにゲート（図中左側）から入場した。
・右手には飲み物を購入した袋を持っていた。
・テストピースを採取するため、生コン車がポンプ車ホッパー手前で一時停車した。
・被災者はそばに立止って生コン車に声をかけようとした。
・しかし、生コン車はポンプ車に付けるためにハンドルを右に切りながらバックした。
・生コン車が被災者に接触。被災者は転倒し、左手を地面について負傷した。
（発生時刻：10 時 50 分、被災者：鳶工 37 歳 経験年数 16 年　新規入場から 1 年）

【災害分析・再発防止対策】

「なぜなぜ分析」で発生の真の原因を追究してみましょう。

・「なぜなぜ分析」とは、「問題をただ処置するだけではなく、「なぜ」を繰り返し、問題を深掘りして、根本原因を対策することで再発を防ぐ考え方」のことを言います。以下に「なぜなぜ分析」例を示します。
問題となる事象「なぜ生コン車と接触したのか」から「なぜ」をスタートさせます。

発生要因 なぜ1	なぜ2	なぜ3	なぜ4	なぜ5	対策（再発防止策）
被災者が生コン車の死角に入った。	ゲートからの安全通路が明確でなかった。	元請、職長共に生コン車の出入りによるリスクを軽視していた。	作業手順書作成時に、本質的なリスクを特定していない。	元請、職長共に、リスクよりも作業効率を優先させた。	元請、職長は、作業手順書検討時にリスクを特定し、リスクに対する低減措置を必ず作業手順書に反映させる。
生コン車がバックした。	オペレータはいつもの動きで特に問題は無いと思った。	誘導員からも特に注意喚起等は無かった。	誘導員は、被災者が生コン車に近づいていることを見ていなかった。	誘導員が、自身の役割を果たしていない。	誘導員は、繰り返しの慣れた作業であっても、生コン車や人の往来等、常に監視し、危険な状況に対して注意喚起する立場であることを自覚し実践する。
被災者が生コン車の死角に入った	ゲートからの通路が死角であることを知らなかった。	普段から、この通路を使っており特に危険があると認識していなかった。	元請や職長からも特に注意喚起は無かった。	元請、職長共に、曖昧な通路に対して、リスクを感じていなかった。	元請職員は、ミキサー車の動きや、作業員の通行の動線に対して、安全を確保するため、適切な安全通路を確保する。

※発生要因は一つだけとは限りません。

対策事例	経験年数3年以下作業員への「＋1（プラスワン）教育」の実施		
HE 分類 （複数回答可）	1．無知・未経験・不慣れ	対策区分	教育
狙い目的	経験3年以内の方による災害の多くは、「危険をよく知らない」「危険と感じない」ことに起因しているので、具体的事例を用いて教育することで危険を感じ取る力を高める。	期待効果	経験不足による危険への知識を補い、安全意識を高める。
実施時期	その他	実施場所	朝礼広場
適用範囲	協力会社	対象者	協力会社作業員
実施部署	元請	実施頻度	その他
具体的成果	・2カ月に1回の頻度で実施しており、経験年数3年以下作業員の安全意識向上につながっている。	対策に対する評価	・長期就労現場では一定の効果はあるが、短期就労現場においても継続的教育ができるよう検討が必要。
その他			

対策の内容

2カ月毎に「教育用資料（A4判1、2枚）」を作成し周知会を実施。
写真や図を使い視覚的に分かりやすくしている。

〔注意〕経験3年以内の方の労働災害が多発しています。

当社建築作業所の第77期の労働災害では、経験3年以内の方が**労働者比率1割**に対し、被災者は全体の約4割を占めています。休業災害も小さなケガも同じ割合です。もうチョットの注意で防げた災害事例です。「周りに危険が無い」か「自分が危険を作り出さない」かを考えて安全作業をお願いします。

■いつも通りの作業ですが…（少し急いでいました）

右手を強打し、複雑骨折

立馬（H＝1050）から降りる時、踏み桟で足を滑らせ転落（手掛り棒を握っていました）

注　熟練者でも、床の段差で足をひねった

■作業場所は安全ですか？　周囲・動線を確認していますか？

左肘頭粉砕骨折　　安全帯未使用

ダンプの荷台にて、ガラと鉄筋の仕訳中に、足を滑らせ地上に転落、**安全帯不使用**

スロープ　　台車パイプと単管パイプに挟まれ

スロープで台車を一人で迎えながら移動中、台車のパイプと単管パイプとに挟まれ

ボードの山

方向転換を行おうと手をひねった拍子に、ボードの山に右手中指を強打した。

■異常を感じたらその場でキチッと処置を

AM：コンクリートが長靴の中に入り、足がただれた。
PM：そのまま作業をおこなった。夕方：**火傷症状**になった。

経験3年以内の方による災害の多くは、「**危険をよく知らない**」ことに起因しています。
作業手順や作業環境をよく確認して作業をお願いします。また、少し慣れると**不安全行動**と思われる軽率な行動が災害につながっています。**基本に忠実な作業**をお願いします。

対策事例	**危険体感教育の実施**		
HE 分類 （複数回答可）	1．無知・未経験・不慣れ 2．危険軽視・慣れ 5．集団欠陥	対策区分	教育
狙い目的	災害件数の減少に伴う災害遭遇回数の減少などによる危険感受性の低下に歯止めをかけ、危険感受性を向上させるため。	期待効果	何が危険なのか、どのように危険なのかを実際に五感で感じさせ、災害の怖さを認識させる。
実施時期	随時	実施場所	その他
適用範囲	元請	対象者	元請職員
実施部署	元請	実施頻度	その他
具体的成果	・元請は普段作業するわけではないため、実際に体験することで怖さや作業・視認の難しさなどを学ぶことができた。	対策に対する評価	・有効性は高く受講生からの評判も良いが、一度に参加できる人数が限られ、また実施場所も遠いことから効率が悪い。
その他	・元請（特に若手、グループ会社含む）職員への教育実施後は協力会社向けに実施予定		
対策の内容			

対策事例	危険体感語り部カーによる危険意識向上		
HE分類 （複数回答可）	1．無知・未経験・不慣れ 2．危険軽視・慣れ 3．不注意	対策区分	教育
狙い目的	危険体感やデモンストレーション実施により、危険リスクを再認識させる。	期待効果	危険意識の向上
実施時期	随時	実施場所	朝礼広場
適用範囲	元請・協力会社	対象者	元請・協力会社職員
実施部署	元請	実施頻度	随時
具体的成果	・フルハーネスと胴ベルト型墜落制止用器具でぶら下がり比較することで、落下時の身体への負担の大きさを体感したり、揚重時の鋼材やワイヤーによる挟まれを見ることで挟まれ災害に対する危険性を再認識する等。	対策に対する評価	・けがをすることなく、けがの怖さを体感でき、安全意識の向上に貢献できている。
その他	「怪我をしてしまった」という失敗を許されない時代への対応		
対策の内容			

対策事例	注意喚起ポスターの作成		
HE 分類 （複数回答可）	2．危険軽視・慣れ 3．不注意	対策区分	教育
狙い目的	過去に起きた災害をポスターにして掲示することで、類似災害の防止を図る。	期待効果	類似作業を行う際の KY 活動の活性化
実施時期	随時	実施場所	朝礼広場
適用範囲	元請・協力会社	対象者	協力会社作業員
実施部署	元請	実施頻度	随時
具体的成果	・ポスターを掲示することで社員・作業員の安全意識の向上が見られる。	対策に対する評価	・定期的に配信することで、過去の災害のリマインドを図ることができ、危険作業に対する安全意識と知識の向上が見られる。
その他			
対策の内容			

注意喚起情報

フック先端を吊り穴の下から掛けると落下・挟まれに直結する！

下から掛けると掛りが浅く外れ止めに力が伝わり、吊穴から外れる！

外れてはさまれた事例多い！

斜め掛け・斜め吊りも外れる！

安全な手順

①フックは、吊穴の上から掛ける

②フックに力が伝わるように真上に上げる

③鉄板は、吊上げた同じ面に倒し、フックは吊穴の上から外す

①吊る時　②吊る時　③敷く時

対策事例	「重大災害カレンダー」の配布、掲示		
HE 分類 （複数回答可）	1．無知・未経験・不慣れ 2．危険軽視・慣れ 3．不注意	対策区分	教育
狙い目的	「同じ過ちを繰り返さない」ことを目的に、過去に発生した事故災害を月別に集計し、月ごとにカレンダーとして発行、配付。朝礼広場での掲示や安全衛生協議会での教育資料として使用。	期待効果	同種工事で過去にどのような災害が発生したかを知ることにより、現場の進捗と照らし合わせながら作業員の意識向上につなげる。
実施時期	随時	実施場所	現場詰所・休憩所
適用範囲	元請・協力会社	対象者	元請・協力会社職員
実施部署	元請	実施頻度	随時
具体的成果	・各種掲示や教育資料としての使用により、職員および作業員に対する意識付けとして有効に機能している。	対策に対する評価	・データは常に蓄積され、毎年新しい情報を追加していき、継続して関係者への意識向上に使用している。
その他			
対策の内容			

重大災害カレンダー （同じ過ちを繰返さないために）

※このカレンダーは、過去に当社で発生した労働災害や事故の経験を風化させないために、主な災害の概要を発生した月日に並べて一覧化したものです。
※重大災害には、過去10年（2012～2021年度）の当社における休業見込28日以上の労働災害のほか、重大災害に結びつく可能性の高い事故も含めています。
※労働災害には、当社労災保険を適用したもの以外も、当社の現場内及び工事関係で発生した労働災害、事故を含めています。
※各現場では、本カレンダー及び関連資料により、過去の災害の教訓を再認識して下さい。
※該当しそうな災害については、朝礼、作業打合せ、特別安全日等の機会を通じて、関係作業員に指導（アピール）して下さい。

04月

日	発生年	重篤度 （休業日数）	災害の型 （タイトル）	被災者 性別	年齢	職種	災害概要	発生部門 支社店	部門	備考
1	2019	事故	飛来・落下	―	―	―	鳶工が17階の枠組足場（W=600mm、GL＋53.8m）上を移動していた際、安全帯の胴ベルト部分に取り付けたカラビナからインパクトドライバが外れ、足元の布板に落下した後、6m離れた向かいのマンションの10階部の耐震梁（GL＋約32.m）上に落下した。	東日本	建築	
2										
3										
4										
5	2012	死亡	激突され	男	55	鍛冶工	地下鉄地下駅舎内で中間杭（H-458×417）の撤去作業に従事。足場（H=1.8m）上で片側にフランジとウェブを撤去後、残るフランジを切断中、切断しているフランジ部（L=0.8m、約130kg）が手前に倒れ、被災者と共に足場上から転落し、その際、ガス切断機で胸部の衣服を焼き火傷を負い死亡。（死亡原因は火傷またはH鋼による圧迫と推定）	西日本	土木	
6										
7										
8	2020	休業60日	墜落・転落	男	26	金属工	被災者は金物取付け場所の説明を受けるために、当社職員とRC屋上にて現地確認を行っていた。先に当社職員が本設渡り通路（鉄骨）を通り、北側RC屋上から南側RC屋上へ移動した。その後、被災者は遅れて南側RC屋上へ移動した際、軽量鉄骨天井上に載ってしまい、天井ごと下のコンクリート床上へ墜落した。（高さ4.0m） 左尺骨茎状突起骨折、左橈骨遠位端骨折 左手舟状骨骨折、左橈骨頭骨折。	東日本	建築	
9	2016	休業60日	飛来・落下	男	43	型枠大工	80tクローラクレーンで、型枠パネル（600×900）の上に縦横交互に積み上げた3尺パイプサポート（8本×8段＝64本、総重量約500kg）を、荷揚用開口部（W1.3m×L4.5m、各階同位置）を利用して2階から5階に揚重する途中、4Fスラブ付近（約8m）で吊荷全体が荷崩れして落下し、2階で作業中の被災者に当たり、頸部裂傷、脊椎骨折。	西日本	建築	
10										
11										
12										
13										
14										
15										
16	2018	休業49日	はさまれ・巻き込まれ	男	18	鳶工	リフトクライマーせり上げ作業のため、資材をデッキ部分へ積み込み後、マストの囲い（H=2.0m）を外してマストせり上げ作業（5S～RG）を開始した。マスト1本目の接続完了後、2本目を接続するため、デッキを上昇させた際、マスト囲いの巾木部分に足を乗せていて、巾木とマスト連結金具に足を挟み、左足第Ｉ趾切断、左足第Ⅱ趾中節骨骨折。	西日本	建築	

対策事例	「ヒューマンエラー防止展開シート」の作成、展開		
HE分類 （複数回答可）	1．無知・未経験・不慣れ 2．危険軽視・慣れ 3．不注意	対策区分	教育
狙い目的	過去のヒューマンエラーによる事故災害を場面ごとにシートにまとめて現場に掲示し、作業員に注意喚起を行う。	期待効果	作業員に「気づき」を持たせることによる、ヒューマンエラーの低減。
実施時期	作業開始前	実施場所	現場詰所・休憩所
適用範囲	協力会社	対象者	協力会社作業員
実施部署	元請	実施頻度	随時
具体的成果	・現場内各所に「気づき」として掲示することにより、作業員の意識付けとしては有効である。	対策に対する評価	・依然、ヒューマンエラーを原因とする災害は撲滅されておらず、対策を継続していく必要がある。
その他			
対策の内容	シートを現場内各所に掲示し、作業員に注意換気する。 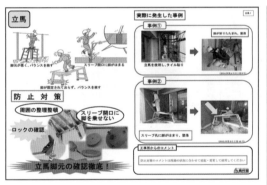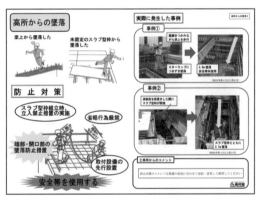 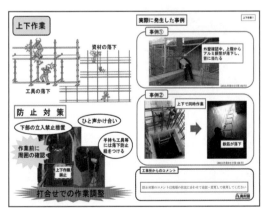		

対策事例 「ヒューマンエラー防止展開シート」の作成、展開

対策事例	「転倒しやすい場所マップ」の作成と掲示		
HE 分類 （複数回答可）	1．無知・未経験・不慣れ 4．連絡不足 10．中高年の機能低下	対策区分	教育
狙い目的	「転倒しやすい場所マップ」を作成し、周知することで転倒災害を防止する。	期待効果	転倒災害が多く発生している昨今では、有効な掲示であり、災害防止に繋がる。
実施時期	随時	実施場所	朝礼広場
適用範囲	元請・協力会社	対象者	協力会社作業員
実施部署	元請	実施頻度	随時
具体的成果	・転倒災害の抑止に繋がる。	対策に対する評価	・掲示だけではなく、その場所に注意喚起表示することで、更に転倒災害防止に繋がっている。
その他	作業所特性を反映することで作成者の意図が労働者へ伝わりやすい。		
対策の内容	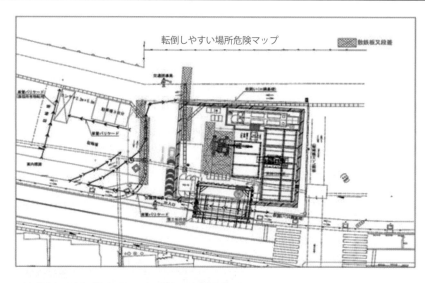 		

「転倒しやすい場所マップ」の作成と掲示

対策事例	未習熟者に対する電動工具取り扱い教育		
HE 分類 （複数回答可）	1．無知・未経験・不慣れ	対策区分	教育
狙い目的	・電動工具の正しい取り扱いを知らないことから発生する災害を防止する。	期待効果	・電動工具の正しい取り扱いを身につけるとともに、安全意識の向上を図る。
実施時期	作業開始前	実施場所	現場詰所・休憩所
適用範囲	協力会社	対 象 者	協力会社作業員
実施部署	元請	実施頻度	随時
具 体 的 成 果	・教育を受けて正しい取り扱いを身につけて、類似災害を防止できた。	対策に対 する評価	・有効であり、危険感受性の向上につながった。
そ の 他			
対 策 の 内 容	・電動工具（ハンドカッター）の正しい取り扱い方法、ロックの仕方、危険要素等を実技を交えて教育。  		

対策事例	可搬式作業台等、適正使用教育の実施		
HE分類 （複数回答可）	２．危険軽視・慣れ ３．不注意 ６．近道・省略行為	対策区分	教育
狙い目的	可搬式作業台等を使用する作業員に適正使用の意識を持たせ、不安全行動を予防する。	期待効果	適切な使用方法を理解させることにより適正使用を推進する。
実施時期	随時	実施場所	現場事務所
適用範囲	協力会社	対象者	協力会社作業員
実施部署	元請	実施頻度	随時
具体的成果	・可搬式作業台の適正使用が促進され、パトロールにおいても同種設備使用に対する指摘は挙げられていない。	対策に対する評価	・対策樹立後、同種設備による労働災害は発生していないが、まだ、年度途中のため長期での評価はできない。
その他			
対策の内容	リーフレットの活用 		

対策事例	ヒヤリハット事例収集アプリの開発と事例の活用		
HE 分類 （複数回答可）	1．無知・未経験・不慣れ 2．危険軽視・慣れ	対策区分	教育
狙い目的	「ヒヤリハット」を効率的に収集・蓄積・見える化（共有）し、「新ヒヤリハット」手法を用いてデータ分析し 働きやすい現場（ワークエンゲージメントの高い職場）の実現し、不安全行動・災害を減少させる。	期待効果	ヒヤリハット事例が災害に繋がらないように事前の対策が打てるようになる。 データが集まると作業所の状態が把握できるようになり、環境改善に繋げることができる。
実施時期	随時	実施場所	その他
適用範囲	元請・協力会社	対象者	協力会社作業員
実施部署	協力会社	実施頻度	随時
具体的成果	今後	対策に対する評価	今後
その他			
対策の内容			

第3章 ヒューマンエラー対策事例（38事例）

対策事例	**外国人労働者に対する母国語での安全衛生教育**		
HE 分類 （複数回答可）	4．連絡不足	対策区分	教育
狙い目的	連携作業を行う際の手順や掛け声について共通認識を行うことにより邦人・外国人との間でコミュニケーションが良好に行えるようにする。	期待効果	邦人、外国人で同じ内容の安全衛生教育を各言語で行うことにより個々の作業手順が共有化される。
実施時期	新規入場前	実施場所	事業主事務所
適用範囲	協力会社	対象者	協力会社作業員
実施部署	事業主	実施頻度	その他
具体的成果	・お互いの意思疎通が図られている。	対策に対する評価	・外国人労働者に対する言語の壁を取り除くための有効性が期待される。
その他	労働者の人員構成変革（多様性）に対応した運用		
対策の内容	厚生労働省ホームページにある『建設業に従事する外国人労働者向け教材』の動画・テキストを活用 		

2. 協調・強化に基づく対策事例 　対策事例 No.13

対策事例	思いやり声かけ運動			
HE 分類 （複数回答可）	1．無知・未経験・不慣れ 3．不注意 4．連絡不足	対策区分	協調・強化	
狙い目的	・工事に関係する全員が名前で呼び合い、お互いのコミュニケーションを深めて、仲間意識を高め、安全で健康なイキイキとした職場環境を醸成する。	期待効果	・風通しの良い職場環境作り ・仲間意識の高揚	
実施時期	随時	実施場所	その他	
適用範囲	元請・協力会社	対象者	協力会社作業員	
実施部署	元請	実施頻度	随時	
具体的成果	・労働災害の減少 ・ヒヤリハットの減少 ・現場内コミュニケーションの向上	対策に対する評価	・朝夕の挨拶や現場内のコミュニケーションが活発になり、他業者にも「危ない」と言えるようになる。	
その他				
対策の内容	・新規入場時にコミュニケーションワッペンを渡す。 ・各自が平仮名で名前を記入し、作業服、安全チョッキ等に取り付ける（漢字で書くと難しくて読めない場合があるので、平仮名とする）。 ・「オイ！」「お前！」ではなく、お互いを名前で呼び合うことにより、会社を越えて不安全行動を注意することができる。 ・なんでも言い合える風通しの良い職場環境が醸成される。 			

対策事例	「声かけリーダー」の任命による注意喚起		
HE分類 （複数回答可）	7．場面行動 2．危険軽視・慣れ 12．単調作業による意識低下	対策区分	協調・強化
狙い目的	「ひと声かけあい運動」の展開による不安全行動の防止のひとつとして「声かけリーダー」を職員、作業員各1名ずつ任命し積極的に声をかけ、円滑なコミュニケーションを図る。	期待効果	円滑なコミュニケーションを図ると同時に、注意喚起や作業員の安全に対する意識向上が図れる。
実施時期	随時	実施場所	その他
適用範囲	元請・協力会社	対象者	協力会社作業員
実施部署	元請	実施頻度	随時
具体的成果	・不安全行動の抑止に繋がる。	対策に対する評価	・注意喚起だけではなく、挨拶やちょっとした気付きでも声を掛けることで、円滑なコミュニケーションが期待できる。
その他			
対策の内容	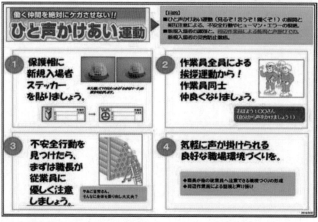		

対策事例	「安全一声（ひとこえ）運動」の実施		
HE 分類 （複数回答可）	3．不注意 6．近道・省略行為	対策区分	協調・強化
狙い目的	お互いに注意しあって、声を掛け合いながら安全に作業することを目的とする。	期待効果	コミュニケーションづくりにより、不注意や故意による近道行為などの不安全行動を防止する。
実施時期	随時	実施場所	その他
適用範囲	元請・協力会社	対象者	元請・協力会社職員
実施部署	その他	実施頻度	随時
具体的成果	・コミュニケーションの向上	対策に対する評価	・若い社員には、なかなか作業員に声をかけることができない者もいる。
その他	・職長会活動なども活発化する。		
対策の内容	安全一声運動は、作業中の危ない行動や間違った行動をしたときに、お互いに注意しあって、声を掛け合いながら安全に作業することを主目的として不安全行動による災害・事故を撲滅させるものである。 　この運動は、人間愛が基本であり、仲間を思いやる暖かい気持ちと感謝の気持ちがなければならない。 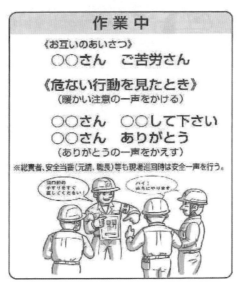		

第3章　ヒューマンエラー対策事例（38事例）

対策事例	鋼製リン木材黄色着色による危険個所の見える化		
HE分類 （複数回答可）	7．場面行動	対策区分	協調・強化
狙い目的	・測定等に夢中になり足もとのリン木につまずくことによる転倒災害を防止する。	期待効果	・足もとの危険物（リン木）を目立つようにして、周囲の安全確認の意識を持ってもらう。
実施時期	作業再開前	実施場所	その他
適用範囲	元請・協力会社	対象者	元請・協力会社職員 協力会社作業員
実施部署	元請	実施頻度	随時
具体的成果	・リン木によるもののみならず、転倒災害の再発を防止できた。	対策に対する評価	・危険箇所の「見える化」により、危険感受性の向上につながった。
その他			
対策の内容	・つまずいたり、ぶつかったりする危険のある部材に黄色で着色し「見える化」  		

対策事例	**敷鉄板段差部の「見える化」**		
HE 分類 （複数回答可）	3．不注意 10．中高年の機能低下	対策区分	協調・強化
狙い目的	現場におけるつまずきによる転倒リスクを低減する。	期待効果	段差部が明確になるため歩行時に注意する。
実施時期	随時	実施場所	その他
適用範囲	元請	対象者	元請・協力会社職員
実施部署	元請	実施頻度	随時
具体的成果	・ヒヤリハット報告書において、鉄板の段差によるつまずき転倒による報告がなくなった。	対策に対する評価	・作業員から、段差が分かり易くなったと高評価であった。
その他			
対策の内容	工事用道路で敷いた敷鉄板における段差部に、ラインマーカーを使用し「見える化」した。簡単に実施できるため、降雨後や日数が経過して薄くなった際は再度引き直しを行っている。 		

対策事例	**段差部の見える化による転倒防止**		
HE 分類 （複数回答可）	3．不注意 9．錯覚	対策区分	協調・強化
狙い目的	段差部でのつまずき等による転倒防止	期待効果	転倒災害に対する危険意識向上
実施時期	随時	実施場所	その他
適用範囲	元請	対象者	元請・協力会社職員
実施部署	元請	実施頻度	随時
具体的成果	・見える化により、通行者に対して転倒防止の注意喚起となっている。	対策に対する評価	・段差部での有効な転倒防止対策として展開しやすい見本となっている。
その他	写真では、段差部での見える化に加えて、上段側の床端部にノンスリップを設けており、上段・下段のどちらからも転倒防止に有効な状態となっている。		
対策の内容			

対策事例	**開口部の養生と表示**		
HE分類 （複数回答可）	3．不注意 9．錯覚	対策区分	協調・強化
狙い目的	開口部であることの認識を持たせるため「開口部注意」「深さ」を表示し安易に蓋を取らないように注意喚起を行う。	期待効果	作業のため一時的に蓋を取らなければならない場合のリスクアセスメントが行われ危険要素の排除が行われることが期待できる。
実施時期	速やかに	実施場所	その他
適用範囲	協力会社	対象者	協力会社作業員
実施部署	協力会社	実施頻度	随時
具体的成果	・安易に開口部養生蓋をとったり、上に乗ることが無くなった。	対策に対する評価	・開口部の危険意識が向上した。
その他	表示内容に「深さ」を追加し、危険度の大きさを示す。		
対策の内容			

第3章　ヒューマンエラー対策事例（38事例）

対策事例	**新規就業者（新規参入者）用ヘルメットシールによる識別**		
HE 分類 （複数回答可）	1．無知・未経験・不慣れ	対策区分	協調・強化
狙い目的	以前から、声掛け運動は実施していたが、特に労働災害が多い「新規就業者（新規参入者）」に不安全行動や危険箇所への立ち入り等について声を掛け、徐々に作業所の危険性・有害性を理解させる。	期待効果	毎日、他社作業員も含めて、一言声をかけることにより、作業所に潜む危険性・有害性を「見抜く力」を養う。
実施時期	随時	実施場所	その他
適用範囲	元請・協力会社	対象者	元請・協力会社職員
実施部署	その他	実施頻度	随時
具体的成果	・識別はできたが、声掛けができていない。 ・ステッカーでは目立たない。	対策に対する評価	・幾らステッカーを張っても、活発に声を掛け合う習慣ができている作業所でないと効果が出ない。普及途上。 ・ステッカーからヘルバンドに変更する。
その他			
対策の内容			

対策事例	ヘルバンドによる有資格者の見える化		
HE 分類 （複数回答可）	4．連絡不足	対 策 区 分	協調・強化
狙い目的	有資格が必要な作業にはその作業毎に適正に人員を配置する必要があるが、元請・下請ともに管理しやすいようヘルバンドを使用する。	期 待 効 果	適正配置の見える化
実 施 時 期	随時	実 施 場 所	その他
適 用 範 囲	協力会社	対 象 者	協力会社職員・職長
実 施 部 署	協力会社	実 施 頻 度	随時
具 体 的 成 果	・危険作業での有資格者の適正配置が抜けなく実施され、元請の管理もしやすい。	対策に対する評価	・危険作業での有資格者の適正配置が抜けなく実施され、元請の管理もしやすい効果があった。
そ の 他			
対 策 の 内 容	（下記参照）		

見える化運動

玉掛者（黄色）	合図者（緑色）	作業主任者 作業指揮者（青色）	新規入場者（赤色）

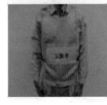  

- ・玉 掛 者　　　　　　　⇒　黄色のヘルバンドがベスト
- ・合 図 者　　　　　　　⇒　緑色のヘルバンドがベスト
- ・作業主任者・作業指揮者　⇒　青色のヘルバンドがベスト
- ・新規入場者　　　　　　⇒　赤色のヘルバンド（入場から3日間）

必ず着装してください

対策事例 No.22

対策事例	**高齢者、未熟練者、年少者等の識別**		
HE 分類（複数回答可）	10. 中高年の機能低下 1．無知・未経験・不慣れ	対策区分	協調・強化
狙い目的	高齢者、年少者、未熟練者、高血圧者を識別するステッカーをヘルメットに貼り、周りの作業員は見守りを実施する。	期待効果	高齢者等に対する声掛けにより、安全意識の高揚が図れる。
実施時期	新規入場時	実施場所	現場詰所・休憩所
適用範囲	協力会社	対象者	協力会社作業員
実施部署	元請	実施頻度	新規入場時
具体的成果	・職長も意識するようになり、適正配置に繋がっている。また、周りの作業員からの声掛けも活発になった。	対策に対する評価	・高齢者、未熟練者による労働災害が減少した。
その他			
対策の内容	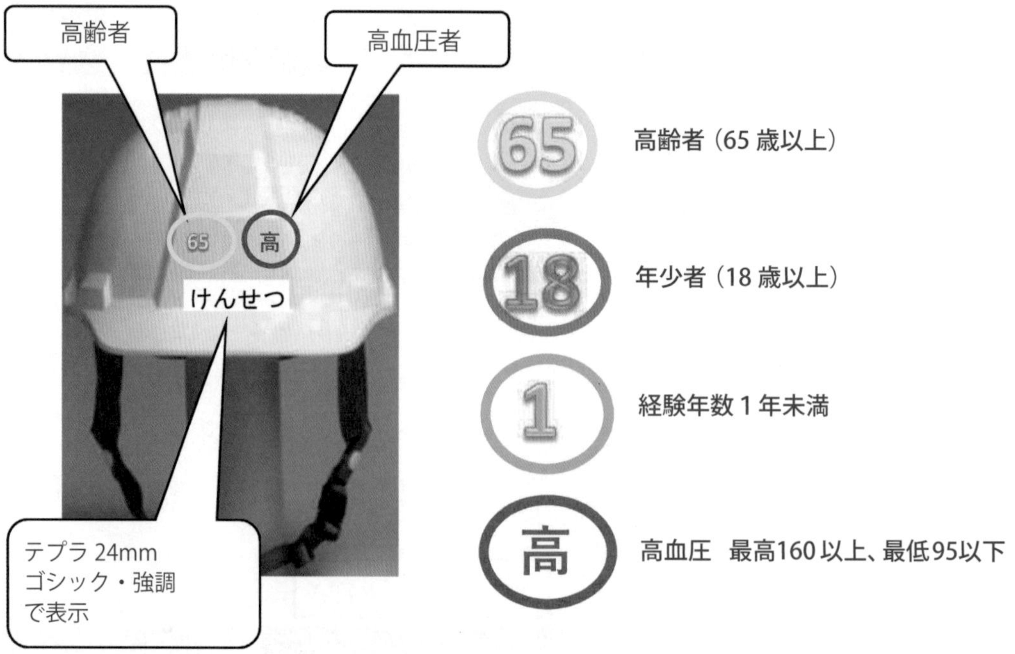		

高齢者
高血圧者
65
高
けんせつ
テプラ 24mm
ゴシック・強調
で表示
65
高齢者（65 歳以上）
18
年少者（18 歳以上）
1
経験年数 1 年未満
高
高血圧　最高160 以上、最低95以下

対策事例	「私の安全宣言」の活用および作業場への掲示		
HE 分類 （複数回答可）	2．危険軽視・慣れ 5．集団欠陥 7．場面行動	対策区分	協調・強化
狙い目的	「私の安全宣言」を朝礼広場に掲示することで、元請職員・職長の行動指針を公開し、確実に実践してもらうための意思決定。	期待効果	「私の安全宣言」の個々の実践にて、作業所内での安全活動の模範となってもらう。
実施時期	新規入場時	実施場所	朝礼広場
適用範囲	元請・協力会社	対象者	協力会社職員・職長
実施部署	元請	実施頻度	随時
具体的成果	・「私の安全宣言」を朝礼広場に掲示することで、元請職員・職長の安全活動に対するブレがなく、宣言通り皆の模範となり、積極的に安全活動に励んでもらう。	対策に対する評価	・作業所内での安全意識向上につながった。
その他	自分自身で決定し、自分自身で継続させる意識付け		
対策の内容			

宣言日　令和　○○年○○日

私の安全宣言

労働災害防止のため　私はこうします！

会社名　　○○○○建設

職氏名　　○○　○○

継続的安全確認事項

東京メトロ遵守事項・事故事例集の周知徹底
駅施設の事前調査と現地の確認

安全衛生重点実施事項

1．目視確認による作業徹底
2．解体工事作業手順の厳守
3．誘導員の適正配置
4．作業後のWチェックの実施

第13次東京労働局労働災害防止計画推進中

対策事例	「言える化　聞ける化」運動		
HE 分類 （複数回答可）	1．無知・未経験・不慣れ 2．危険軽視・慣れ 3．不注意	対策区分	模範の教示
狙い目的	・作業所における労働災害の防止ならびに、異業種間（会社間）のコミュニケーションの活性化	期待効果	危険な行動をしている作業員に対して、会社や職種が違っても「それは危険ですよ、ルール違反ですよ」と一声かけ、言われた側も素直にその指摘に耳を傾け是正をする。 災害防止は勿論のこと作業所内の職種を越えた連携も高める。
実施時期	随時	実施場所	その他
適用範囲	元請・協力会社	対象者	協力会社職員・職長
実施部署	協力会社	実施頻度	随時
具体的成果	・作業所全体で危険行為やルール違反防止への意識が高まる。	対策に対する評価	・運動半ばで、現在全作業所（全労働者）へ普及途中。
その他			
対策の内容	 ポスターの掲示		

対策事例	新規入場者への「新規入場者意識付け活動」 （新規入場後 7 日以内の災害を撲滅する対策）		
HE分類 （複数回答可）	1．無知・未経験・不慣れ 2．危険軽視・慣れ 5．集団欠陥	対策区分	模範の教示
狙い目的	新規入場者に対して入場後 7 日間、毎日連続して「新規入場者意識付け活動」を職長に実施させることで、新規入場者および職長の安全意識の向上を図る。	期待効果	職長と新規入場者が「新規入場者意識付け活動」を実施することで、現場に不慣れな作業員（新規入場 7 日以内）がいることを認識させ、安全意識を向上させる。
実施時期	朝礼時	実施場所	朝礼広場
適用範囲	協力会社	対象者	新規入場者
実施部署	協力会社	実施頻度	毎日（朝礼・KY 時等）
具体的成果	・KY 時に「新規入場者意識付け活動」を実施することで、現場での作業説明、作業員配置において、新規入場者がいることを作業員全員が理解できるようになった。	対策に対する評価	・昨年度に比べて、新規入場 7 日以内の災害が半減した。
その他			
対策の内容	● 新規入場意識付けシール 　どんなベテランでも新規の現場では「自分はここでは新入生なんだ、だから気をつけて行動しよう」と思わせるためのシールです。 		

対策事例	**指差呼称の定着に向けて「指差呼称定着エリア」の設置**		
HE 分類 （複数回答可）	2．危険軽視・慣れ 3．不注意	対策区分	模範の教示
狙い目的	指差呼称の定着に向けて、指差呼称定着エリアを定め、全作業員がその場所では必ず決められた指差呼称を実施する。	期待効果	指差呼称を定着させることにより人間の心理的な欠陥に基づく誤判断、誤操作、誤作業を防ぎ、労働災害を未然に防止する。
実施時期	随時	実施場所	その他
適用範囲	協力会社	対象者	協力会社作業員
実施部署	協力会社	実施頻度	随時
具体的成果	・定着エリアで実施することにより、各作業場所での指差呼称の実施に抵抗感がなくなってきている。	対策に対する評価	・指差呼称の完全定着には至っていない。
その他			
対策の内容	 		

指差呼称の定着に向けて「指差呼称定着エリア」の設置

84

対策事例	可搬式作業台の使用ルールの実物掲示		
HE分類 （複数回答可）	1．無知・未経験・不慣れ 6．近道・省略行為 3．不注意	対策区分	模範の教示
狙い目的	仮設トイレの目隠しパネル前に設置し、誰もが通る場所に掲示している。書面ではなく、実物での掲示を行うことで作業状況をイメージさせ、不安全行動の抑止とする。	期待効果	可搬式作業台使用時の不安全行動の抑止、適切な設置状況の認識を作業所全体に広める。
実施時期	随時	実施場所	現場詰所・休憩所
適用範囲	協力会社	対象者	協力会社作業員
実施部署	元請	実施頻度	随時
具体的成果	・教育資料として利用され、外国人労働者や入職歴の浅い作業員も含め、可搬式作業台の安全使用への意識が高まった。	対策に対する評価	・作業時の不安全行動、不安定な状態での使用状況が減少した。
その他	労働者が共有して使用する場内の通路に体験型設備を設置		
対策の内容			

対策事例	始業前現地での「一人 KY」の実施		
HE 分類 （複数回答可）	2．危険軽視・慣れ 3．不注意 7．場面行動	対 策 区 分	模範の教示
狙 い 目 的	鉄道工事における、労働災害・公衆災害防止	期 待 効 果	作業開始前に実際作業する場所で、一人一人が作業する場所で自問自答カードの内容を確認しながら、その日の作業の中での危険ポイント確認し、意識して災害防止に努める。
実 施 時 期	作業開始前	実 施 場 所	その他
適 用 範 囲	協力会社	対 象 者	協力会社作業員
実 施 部 署	協力会社	実 施 頻 度	作業開始前
具 体 的 成 果	・実際作業する場所での特有の危険を察知し、目で確認しながら点検項目に従い、その場所で潜んでいる災害を未然に防止する対策を立て作業員一人一人に実践してもらう。	対策に対する評価	・一人一人が、作業に対する自問自答してから作業開始することによって、災害防止に役立った。
そ の 他	従前の「やらされる」から「自らやる」への意識改革		
対 策 の 内 容			

〇〇〇工事　　現場1人KY
（昼間作業）　　自問自答 カード

作業前にこのカードでKYを実施してから作業開始のこと

〈列車運行支障災害・お客様に怪我を絶対させない〉

①お客様と接触しないか（仮囲いから出る時、通路移動中）
②ホコリが仮囲いから漏れないか（仮囲いの点検、集塵機の使用）
③天井配袋・埋設配管に損傷がないか（活袋養生、埋設管調査）
④落ちないか（立ち馬上の姿勢、昇降時、脚立の天端作業禁止）
⑤転倒・つまづかないか（段差の養生、表示）
⑥倒れないか（列車風対応、長尺物は立掛けない）
⑦工具で怪我をしないか（始業前点検、保護具の使用はよいか）
⑧切れないか
⑨感電しないか
⑩ぶつからないか

（現地KYで本日の危険を洗い出そう）

〇〇〇〇〇作業所

この自問自答カードを携帯し、より安全に対する意識を高める

〇〇〇工事　　現場1人KY
（夜間作業）　　自問自答 カード

作業前にこのカードでKYを実施してから作業開始のこと

〈列車運行支障災害・お客様に怪我を絶対させない〉

①天井ネットの解体・復旧はよいか（ネットに隙間・残置物はないか）
②天井配袋・埋設配管に損傷がないか（活袋養生、埋設管調査）
③軌道内・通路に持ち込む工具数は？工具の置き忘れはないか？
④清掃道具の準備は良いか？清掃状況は良いか？
⑤火器作業の養生方法は良いか？残り火の確認は良いか？
⑥落ちないか（立ち馬・メトロステージ上の姿勢、安全帯の使用）
⑦転倒・つまづかないか（段差の養生、表示）
⑧工具で怪我をしないか（始業前点検、保護具の使用はよいか）
⑨切れないか
⑩感電しないか
⑪Wチェックはしたか？問題ないか？

（現地KYで本日の危険を洗い出そう）

〇〇〇〇〇作業所

この自問自答カードを携帯し、より安全に対する意識を高める

対策事例	脚立の単独使用は原則禁止		
HE 分類 （複数回答可）	2．危険軽視・慣れ 6．近道・省略行為 1．無知・未経験・不慣れ	対 策 区 分	模範の教示
狙 い 目 的	脚立からの墜落災害防止	期 待 効 果	新規入場者へ社内ルールの周知 不安全行動の撲滅
実 施 時 期	新規入場時	実 施 場 所	現場詰所・休憩所
適 用 範 囲	協力会社	対 象 者	新規入場者
実 施 部 署	元請	実 施 頻 度	新規入場時
具 体 的 成　　果	・脚立の単独使用は原則禁止を社内ルールとし、可搬式作業台等の使用を定着させた。 ・一部狭隘な場所では作業所長の許可により使用可とした。	対 策 に 対 す る 評 価	・脚立使用者には脚立使用時の安全教育を受講してもらい、安全な使用方法を習得してもらった。
そ の 他			

・脚立の単独使用は原則禁止を社内ルールとし、可搬式作業台等の使用を定着させた。
・一部狭隘な場所では作業所長の許可により使用可とした。（脚立取扱い教育の実施）。
・H=1.5m 以上の可搬式作業台を使用する場合は感知バー付きを使用することとした。
・脚立の単独使用禁止ポスターを掲示し作業員へ周知させた。
・脚立使用時は「脚立使用許可申請書」を作業所長へ提出し、やむを得ないと判断した場合は許可シールを当該脚立に貼り、取扱責任者を明示させた。

対 策 の
内　　容

対策事例	**WBGT 値を活用した行動基準（休憩回数等）の設定**		
HE 分類 （複数回答可）	11. 疲労 1．無知・未経験・不慣れ	対策区分	模範の教示
狙い目的	熱中症による労働災害を減少	期待効果	WBGT 値を活用した行動基準（休憩回数等）の設定
実施時期	朝礼時	実施場所	朝礼広場
適用範囲	元請・協力会社	対象者	協力会社作業員
実施部署	元請	実施頻度	毎日（朝礼・KY 時等）
具体的 成果	・WBGT 予報値をもとに休憩回数や水分塩分の補給間隔を明示することで、熱中症の抑制ができた。	対策に対する評価	・WBGT 値の活用が統一化され明確となった。また何時に休憩に入るのか KY 朝礼時点で明確になるので働きやすくなった。
その他			
対策の内容	・毎朝、熱中症予防情報サイト（環境省）等にて現場付近の WBGT 予報値を入手し、朝礼時に WBGT 値に対応した休憩回数を関係作業員に周知し、休憩回数や時間を明確にすることで、作業の効率化と熱中症に対する意識改革ができた。 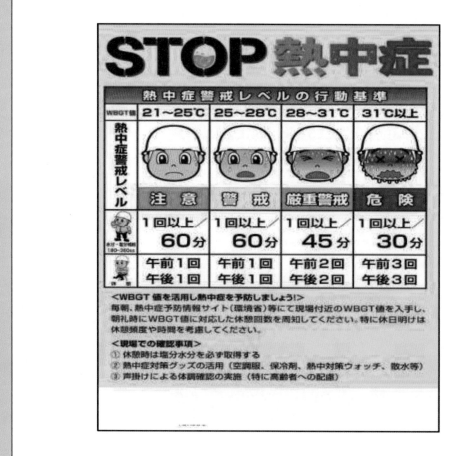		

対策事例	**現場ルールの見える化**		
HE分類 （複数回答可）	1．無知・未経験・不慣れ	対策区分	模範の教示
狙い目的	現場ルールを朝礼看板に分かりやすく掲示し、毎日確認できるようにした。	期待効果	毎日、現場ルールを再確認し、ルール逸脱、近道行動をなくす。
実施時期	随時	実施場所	朝礼広場
適用範囲	協力会社	対象者	協力会社作業員
実施部署	元請	実施頻度	随時
具体的成果	・協力会社作業員が、掲載しているルールを守るようになった。	対策に対する評価	同左
その他	毎朝目にする箇所への掲示		
対策の内容	【朝礼看板に掲示】 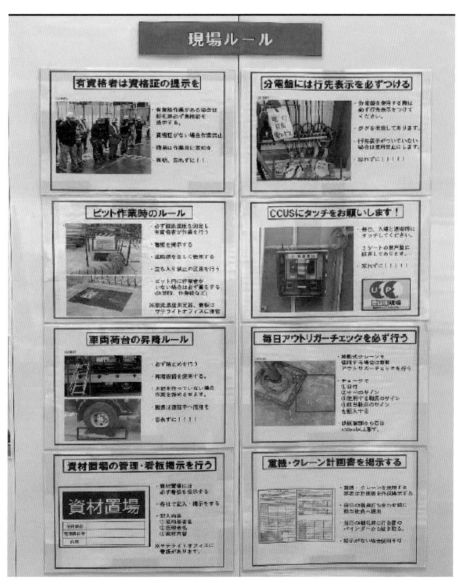		

４．工学的な対策事例

対策事例	**足場の隙間に専用のカバーを設置**		
HE分類 （複数回答可）	３．不注意 10．中高年の機能低下	対策区分	工学的
狙い目的	現場におけるつまずきによる転倒および資材の落下による災害のリスクを低減する。	期待効果	転倒災害、飛来・落下災害を防止する。
実施時期	作業再開前	実施場所	その他
適用範囲	元請	対象者	元請・協力会社職員
実施部署	協力会社	実施頻度	作業開始前
具体的成果	・足場を原因とする転倒災害、飛来・落下災害は発生していない。	対策に対する評価	・カバーが目立つ色であるため、通行時に注意するようになったとの意見が多く出た。
その他			
対策の内容	橋脚工事のくさび型緊結足場において、布板間の隙間を専用カバーで養生することにより、つまずきによる転倒および資材や工具の落下を防止することができる。  		

対 策 事 例	**可搬式作業台（立馬）の転倒防止対策**		
HE 分類 （複数回答可）	2．危険軽視・慣れ 3．不注意	対 策 区 分	工学的
狙 い 目 的	災害が絶えない可搬式作業台転倒関連に対し、安全教育以外にも対策を講じる。	期 待 効 果	再発防止として安全教育や管理強化を図るが、なかなか後を絶たない同種災害を工学的手法で未然に防止する。
実 施 時 期	随時	実 施 場 所	その他
適 用 範 囲	元請・協力会社	対 象 者	協力会社作業員
実 施 部 署	元請	実 施 頻 度	随時
具 体 的 成　　果	・ヒヤリハット報告の中で、可搬式作業台上での作業中に作業台が揺れ、ヒヤリとしたが転倒は免れたとの事例があった。	対策に対する 評 価	・何のために転倒防止用のアウトリガーが必要なのかという意識向上が図れた。
そ の 他	社内ルールとして床高さが 1.5 m以上となる可搬式作業台（立馬）に適用中		

対 策 の
内　　容

対策事例	可搬式作業台からの墜落災害防止		
HE分類 （複数回答可）	２．危険軽視・慣れ	対策区分	工学的
狙い目的	感知バー仕様を標準化	期待効果	死亡・重篤災害、ゼロ
実施時期	その他	実施場所	その他
適用範囲	元請・協力会社	対象者	協力会社作業員
実施部署	元請	実施頻度	その他
具体的成果	・作業時の安心感、無理な姿勢をしなくなる。	対策に対する評価	・作業員から好評
その他			
対策の内容	可搬式作業台の感知バー仕様を標準化した。 		

対策事例	**受電後のキュービクル施錠管理（不特定者の接触による感電防止）**		
HE 分類 （複数回答可）	1．無知・未経験・不慣れ 2．危険軽視・慣れ	対策区分	工学的
狙い目的	高圧電路部への管理強化	期待効果	不特定者の操作・接触による感電防止
実施時期	随時	実施場所	その他
適用範囲	協力会社	対象者	元請・協力会社職員
実施部署	協力会社	実施頻度	随時
具体的成果	・受電後のキュービクルの扉を汎用品の鍵に加えて、南京錠でしか解錠しないハンドル金具を盤面に設置し、南京錠の鍵を電気工事業者の特定の者が管理することで、不特定の者が勝手にキュービクルの電路部に接触できないようにした。	対策に対する評価	・受電後のキュービクルに不特定の者が接触することでの感電災害がなくなった。
その他			
対策の内容			

キュービクル　受電後の施錠管理方法

対策事例	高所作業車の挟まれ防止装置 **DDL 1**		
HE 分類 （複数回答可）	8．パニック	対策区分	工学的
狙い目的	人間は上昇中に頭等を挟まれると、足を離す行為が行いにくい。結果挟まれ続けて死亡や重篤災害となる。これを防止する。	期待効果	死亡・重篤災害、ゼロ。
実施時期	その他	実施場所	その他
適用範囲	元請・協力会社	対象者	協力会社作業員
実施部署	元請	実施頻度	その他
具体的成果	・類似災害に至らないヒューマンエラー対策が目に見えて動作確認でき、危険予知の意識が高まった。	対策に対する評価	・類似災害の再発防止が図られた。
その他			
対策の内容	①人間は挟まれる等パニック状態になると、スイッチから手を離す事が困難となり、一層強く握りしめる特性が報告されている（ANSI より）。 ②この特性を生かした、強く握っても、手を離しても、動作を止める事ができる、スリーポジションイネーブルスイッチを採用した。 ③上空への注意不足に対応し、海外での重機で実績の多い、超音波センサーを使い、安全な距離での自動停止機能も設けた。 ④これにより、センサー（機械）・スリーポジションイネーブル（人）の、2重化の安全対策を実施した。 ⑤これを弊社以外にも使える様に、レンタル会社から製品として、リリースした。 ⑥DDL 1（挟まれ防止装置）を使う事で、物理的安全対策（上空監視）と、人間への安全対策（パニック対策・無意識対策）を実施して、事故ゼロを目指す。		

DDL 1 Product Description
DDL 1 製品説明

- Ultrasonic sensors（Multiple support）
  超音波センサー（複数使い可能）

- 3P enabling switch
  3P イネーブルスイッチ

- Left hand handle prepared to prevent accidents
  左手用持ち手を準備し、はさまれ事故防止した

Newly announced models
報道公開済み DDL1－R社タイプ

Unpublished Models
発表済みの N社タイプ

> Important in current Japanese culture
> 現在の日本文化では重要

- Consider the cost of safety
  安全もコストを検討する
- Release at prevailing price range
  普及価格帯でリリースする
- The price was about 1,000 dollar
  価格は 10 万円程度で市販できた
- Scalable design for future system development
  将来システム発展の為に、拡張性を残した設計

超音波センサー

仮の障害物

高所作業車

－ Provide a grip to grip naturally when pressing the switch
(Righi hand controls the Lifts)
グリップ設けて、スイッチを押すときに自然に握る
（右手は機体の操作）

adopted this time
採用したスイッチ

対策事例	**Webカメラを活用した不安全行動の監視**		
HE分類 （複数回答可）	2．危険軽視・慣れ 6．近道・省略行為	対策区分	工学的
狙い目的	定点Webカメラ、移動Webカメラを設置し、多くの目で作業の状況を見守り、不安全行動を防止する。	期待効果	離れた場所から監視できるため、多くの目で確認ができて、指導の範囲が広がる。
実施時期	随時	実施場所	その他
適用範囲	協力会社	対象者	協力会社作業員
実施部署	元請	実施頻度	随時
具体的成果	・不安全な行動や不安全な施設が確認できたら、すぐに電話で連絡して是正指示ができ、労働災害の未然防止に繋がっている。	対策に対する評価	・定点カメラはほぼすべての作業所で設置しているが、危険作業を実施している場所に移動して設置されていない。
その他			
対策の内容			

対策事例	魔の時間帯「作業開始1時間前後」に安全を意識させる取組み		
HE分類 （複数回答可）	3．不注意 9．錯覚 12．単調作業による意識低下	対策区分	工学的
狙い目的	作業開始後の1時間前後（朝礼後、10時15時の休憩、昼食後）の時間帯に災害の発生が集中している傾向を共有し、当該時間内の災害減少に繋げる。	期待効果	集中力や緊張感が途切れた時間帯に行動災害が多く発生している現状を改善に取組み中。
実施時期	その他	実施場所	その他
適用範囲	協力会社	対象者	協力会社作業員
実施部署	職長会	実施頻度	毎日（朝礼・KY時等）
具体的成果	・2022年7月より順次各現場にて実施開始、現在も運用中であり、大幅に災害減少中。	対策に対する評価	・各現場での反応は良好。
その他			
対策の内容	※建設業界の魔の時間帯と言われる約1時間前後の理由 ①一般的な男性の集中力は、15分から30分と言われている ②公立小学校や中学校の授業時間は45分 ③高速道の制限速度に対し、眠気防止対策として、1時間で休憩ができる距離ごとにサービスエリアが設置 ④通常の映画やコンサートは1.5時間から2時間程度 　以上調べればまだまだ人間特性の1時間縛りは出てくると思うが、成人男性の集中力の欠如や緊張感の緩和が引き起こす人間特性のヒューマンエラーと言われる行動災害の発生時間が顕著に1時間前後に集中している。 ※①「声掛け声返しタイム運動」と②「携帯アラーム運動」の推奨と実施 ①魔の時間帯に合わせ職長会が組織的に声掛けを行う為に場内を巡回し、危険な時間帯を作業員に意識させる運動 ②同様に作業員が自分自身で携帯のアラームをセットし、その音をオフさせる行動で安全意識を促す運動 朝礼で全作業員に対し、職長会が周知して、4回/日の時間を全員が共有しアラームをセットさせ、オフも自分で行わせる。その行動で魔の時間帯を意識させ、再度自分が行っている作業のKYを再確認させ、仕事のみに注力している身体を再リセットし、深呼吸しリカバリーすることで、人間特性からくる行動災害防止を図っている。 ★2020年　全災害（休業・不休・統計外含む） 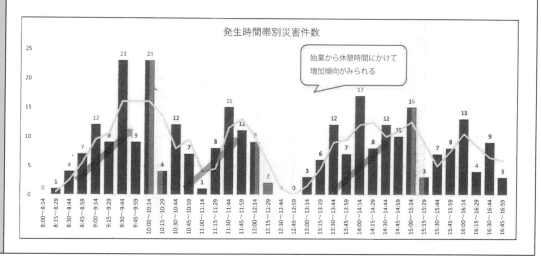		

「建設業におけるヒューマンエラー防止対策事例集 改訂第2版」に資料を提供いただいた会社一覧

㈱ 浅沼組	岩田地崎建設 ㈱	㈱ 大本組
㈱ 奥村組	鹿島建設 ㈱	株木建設 ㈱
㈱ 熊谷組	京王建設 ㈱	五洋建設 ㈱
佐藤工業 ㈱	清水建設 ㈱	㈱ 銭高組
大成建設 ㈱	大豊建設 ㈱	大和ハウス工業 ㈱
㈱ 竹中工務店	鉄建建設 ㈱	東急建設 ㈱
東洋建設 ㈱	戸田建設 ㈱	飛島建設 ㈱
西松建設 ㈱	日本国土開発 ㈱	㈱ 長谷工コーポレーション
㈱ ピーエス三菱	㈱ 不動テトラ	前田建設工業 ㈱
松井建設 ㈱	みらい建設工業 ㈱	りんかい日産建設 ㈱

建設労務安全研究会会員各社

（五十音順）

 ## 編 集 委 員

● 建設労務安全研究会　安全衛生委員会
- 委 員 長　　小 澤 重 雄　　戸田建設 ㈱
- 副 委 員 長　　段 林 朋 美　　五洋建設 ㈱
- 〃　　笹 嶋 勝 也　　㈱ 熊谷組

● 建設労務安全研究会　安全衛生委員会　グッドプラクティス部会
- 部 会 長　　段 林 朋 美　　五洋建設 ㈱
- 委 員　　長 島 　 毅　　株木建設 ㈱
- 〃　　江 口 俊 樹　　東急建設 ㈱
- 〃　　田 中 稔 大　　㈱ ピーエス三菱
- 〃　　小 笠 原 秀 光　　みらい建設工業 ㈱
- 〃　　舞 石 　 剛　　鉄建建設 ㈱
- 〃　　日 高 雅 之　　鉄建建設 ㈱
- 〃　　鎌 田 吉 則　　日本国土開発 ㈱
- 〃　　小 笠 原 　 進　　日本国土開発 ㈱
- 〃　　三 輪 政 之　　大崎建設 ㈱（日本躯体）
- 〃　　中 村 佳 昭　　㈱ フジタ
- 〃　　原 田 禎 久　　㈱ 不動テトラ
- 〃　　小 室 将 秀　　松井建設 ㈱
- 〃　　小 川 直 行　　みらい建設工業 ㈱
- 〃　　岡 本 淳 彦　　りんかい日産建設 ㈱

（2023年9月現在。グッドプラクティス部会は編集委員も記載。）

建設業における**ヒューマンエラー防止対策事例集 改訂第2版**

2008 年 5 月 26 日　初版
2023 年 10 月 4 日　改訂第 2 版

編　　　者　　建設労務安全研究会

発 行 所　　株式会社労働新聞社
　　　　　　　〒 173-0022　東京都板橋区仲町 29-9
　　　　　　　TEL：03-5926-6888（出版）　03-3956-3151（代表）
　　　　　　　FAX：03-5926-3180（出版）　03-3956-1611（代表）
　　　　　　　https://www.rodo.co.jp　　　　　　　pub@rodo.co.jp

表　　紙　　尾﨑 篤史

印　　刷　　モリモト印刷株式会社

ISBN 978-4-89761-945-3　C2036

私たちは、働くルールに関する情報を発信し、経済社会の発展と豊かな職業生活の実現に貢献します。

労働新聞社の定期刊行物・書籍の御案内

人事・労務・経営、安全衛生の情報発信で時代をリードする

「産業界で何が起こっているか？」労働に関する知識取得にベストの参考資料が収載されています。

週刊　労働新聞

※タブロイド判・16ページ
※月4回発行
※年間購読料　42,000円+税

● 安全衛生関係も含む労働行政・労使の最新の動向を迅速に報道
● 労働諸法規の実務解説を掲載
● 個別企業の労務諸制度や改善事例を紹介
● 職場に役立つ最新労働判例を掲載
● 読者から直接寄せられる法律相談のページを設定

安全・衛生・教育・保険の総合実務誌

安全スタッフ

※B5判・58ページ
※月2回（毎月1日・15日発行）
※年間購読料　42,000円+税

● 法律・規則の改正、行政の指導方針、研究活動、業界団体の動きなどを
　ニュースとしていち早く報道
● 毎号の特集では、他誌では得られない企業の活動事例を編集部取材で掲載するほか、
　災害防止のノウハウ、法律解説、各種指針・研究報告など実務に欠かせない情報を提供
●「実務相談室」では読者から寄せられた質問（安全・衛生、人事・労務全般、社会・
　労働保険、交通事故等に関するお問い合わせ）に担当者が直接お答え
● デジタル版で、過去の記事を項目別に検索可能・データベースとしての機能を搭載

職長の能力向上のために 第3版

職長に必要な基礎知識の再確認およびリスクアセ
スメントの進め方、ヒューマンエラー防止活動、
また、職長としての悩み・困ったことを解決した
各種優良事例を紹介したうえで、職長が部下の作
業員をどのように指導・教育したらよいのかにつ
いて、わかりやすく解説しています。
ベテラン職長に対してのフォローアップ教育と能
力向上のためのテキストとしてご活用ください。

【書籍】
※B5判・224ページ
※本体価格　1500円+税

上記の定期刊行物のほか、「出版物」も多数
労働新聞社　ホームページ　https://www.rodo.co.jp/

労働新聞社

〒173-0022 東京都板橋区仲町29-9　TEL 03-3956-3151　FAX 03-3956-1611